给孩子的趣味数学

数学原来这么好玩

因数和因式

刘薰宇 著

应急管理出版社

·北京·

图书在版编目（CIP）数据

给孩子的趣味数学：数学原来这么好玩．因数和
因式／刘薰宇著．－－北京：应急管理出版社，2020

ISBN 978 - 7 - 5020 - 8375 - 5

Ⅰ.①给…　Ⅱ.①刘…　Ⅲ.①数学—青少年读物
Ⅳ.①O1 -49

中国版本图书馆 CIP 数据核字（2020）第 196051 号

给孩子的趣味数学　　数学原来这么好玩　　因数和因式

著　　者	刘薰宇
责任编辑	陈棣芳
封面设计	沈加坤

出版发行	应急管理出版社（北京市朝阳区芍药居 35 号　100029）
电　　话	010 - 84657898（总编室）　010 - 84657880（读者服务部）
网　　址	www.cciph.com.cn
印　　刷	天津文林印务有限公司
经　　销	全国新华书店

开　　本	710mm × 1000mm $^1/_{16}$　印张　45　字数　500 千字
版　　次	2020 年 12 月第 1 版　2020 年 12 月第 1 次印刷
社内编号	20193399　　　　　　定价　120.00 元（共四册）

《给孩子的趣味数学：数学原来这么好玩》丛书导读

民国时期，著名画家、教育家、漫画家、作家丰子恺给刘薰宇的《数学趣味》一书作序，原文如下：

我中学时代最不欢喜数学，最欢喜图画，常常为了图画而抛荒数学课。看见某画理书上说："学数学与学图画，头脑的用法相反，故长于数学者往往不善图画，长于图画者往往不善数学。"我得了这话的辩护，便放心地抛荒数学课，仿佛数学越坏，图画会越好起来似的。现在回想觉得可笑又可惜，放弃了青年时代应修的一种功课。我一直没有尝过数学的兴味，一直没有游览过数学的世界，到底是损失！

最近给我稍稍补偿这损失的，便是这册书里的几篇文章。我与薰宇相识后，他便做这些文章。他每次发表，我都读，诱我读的，是它们的富有趣味的题材。我常不知不觉地被诱进数学的世界里去。每次想：假如从前有这样的数学书，也许我不会抛荒数学，因而不会相信那画理书上的话。我曾鼓励薰宇续作，将来结集成书。现在书就将出版了，薰宇要我作序。数学的书，叫我这从小抛荒数学的人作序，也是奇事。而我居然作了，更属异闻！序，似乎应该是对于全书的内容有所品评或阐发的，然而我的序没有，只表示我是每篇的爱读者而已。——唯其中《韩信点兵》一篇给我的回想很不好：这篇发表时，我正患眼疾，医生叮嘱我灯下不可看书，而我接到杂志，竟在灯下一口气读完了。次日眼睛很痛，又去看医生。

一九三三年耶稣诞

子恺

一篇简短的序言，让我们读到了大画家丰子恺对没有学好数学的懊悔，也读到了《数学趣味》的趣味。这趣味让丰子恺对该书爱不释手，忍着眼痛也要看完。如此精彩，到底是怎样的书呢？让我们一起来品味刘薰宇的数学科普丛书。

一、读其文，先品其人——认识丛书作者刘薰宇

刘薰宇（1896—1967），贵州贵阳人。我国现代数学家，也是我国现代数学教育家和出版家，受过法国数学教育的熏陶，曾任多所大学和中学数学教师或校长，担任过人民教育出版社副总编辑，审定过我国中小学数学教材，出版了中小学数学教科书和科普读物，发表了大量数学教育方面的论文，筹备出版了《中学生》《新少年》等青少年期刊。

担任人民教育出版社副总编辑期间，编写了一系列中学数学教材。算术谁编的？刘薰宇！代数谁编的？刘薰宇！平面几何谁编的？刘薰宇！立体几何谁编的？刘薰宇！解析几何谁编的？刘薰宇！……注意不是主编，而是编！我们对作者的景仰之情如滔滔江

水，连绵不绝。

民国时期，语文教育家夏丏尊出过一本书，名为《文章作法》，这本书的第二作者是刘薰宇，一个数学家编写语文专著，可谓文理兼修，惊为天人。

刘薰宇作为中国数学科普第一人，论著特点之一就是：说理浅明，以趣味丰富的文字写枯燥的算理。所以，他的科普著作深受人们的喜爱，下面仅对《数学趣味》《马先生谈算学》《数学的园地》和《因数和因式》中的内容做一简单的介绍，增进我们对他的科普著作的了解，进而去阅读，并享受其中的数学趣味，汲取这位数学家留给我们的"教育遗产"。

二、作品赏析

刘薰宇的《马先生谈算学》这部著作从 1937 年 1 月开始，陆续按月发表在《中学生》上，预定于 1937 年，在《中学生》上登载完毕，但由于时局动乱，难以静心撰写，时至 1939 年冬天才完稿，前后历时三年。

刘薰宇写该书的动机是："在增进学算学的人对于算学的趣味。对于学习算学的态度，思索问题的途径，以及探究题目间的关系和变化，我很用心地去选择和计划表出它们的方法。我希望，能够把这没有生命的算学问题注进一点儿活力。"该书是以第三人称——"马先生"的口吻来进行书写的，主要围绕如何用图解法求解一些算术四则问题，收集了 100 多道题目加以解释，但它并不是什么难题详解之类的书。马先生是一位风趣幽默的老师，在和同学们的交流中循循善诱，把复杂的数学问题通过深入浅出的语言，通过生动形象的画图加以解决。例如书中有这么一段：

鸡、兔同一笼共十九个头，五十二只脚，求鸡、兔各有几只？

不用说，这题目包含一个事实条件，鸡是两只脚，而兔是四只脚。

"依头数说，这是'和一定'的关系。"马先生一边说，一边画 *AB* 线。

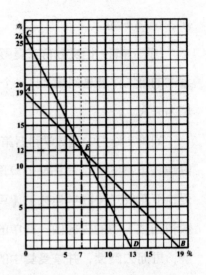

"但若就脚来说，两只鸡的才等于一只兔的，这又是'定倍数'的关系。假设全是兔，兔应当有十三只；假设全是鸡，就应当有二十六只。由此得 *CD* 线，两线交于 *E*。竖看得七只兔，横看得十二只鸡，这就对了。"

七只兔，二十八只脚，十二只鸡，二十四只脚，一共正好五十二只脚。

这种方法正如刘薰宇先生强调的："用图解法直接来解决算术问题，这不但便于观察和思索，而且还可使算术更切近于实用一点。图解，本来已沟通了代数和几何，而成为解析几何学的骨干。所以，若从算术起，就充分地运用它，我想，这不但对于进一步学习算学中的其他部门，有着不少的帮助，而且对于学理、工科，乃至于统计等，也是有益的。"《马先生谈算学》中的图像法不正是中学的函数图像的雏形吗？在学习函数和解析法分析问题时，马先生让你水到渠成。

《马先生谈算学》共有 30 部分，依次为：他是这样开场的、怎样具体地表出数量以及两个数量间的关系、解答如何产生——交差原理、就讲和差算罢、"追赶上前"的话、时钟的两只针、流水行舟、年龄的关系、多多少少、鸟兽同笼问题、分工合作、归一法的问题、截长补短、还原算、五个指头四个叉、排方阵、全部通过、七零八落、韩信点兵、话说分数、三态之一——几分之几、三态之二——求偏、三态之三——求全、显出原形、从比到比例、这要算不可能了、大半不可能的复比例、物物交换、按比分配、结束的一课。

　　《马先生谈算学》充分体现了刘薰宇先生对数学的态度，一方面认为人人应该学习数学，但不是说人人都要当数学家；另一方面认为人人都能学习数学，但不是说人人都能成为数学家。科学的价值与需求在当时已经不容怀疑，而算术、代数、几何、三角、解析几何以及初等微积分等中等程度的数学是科学必备的基础。所以，"谨以此书献给真实爱好科学的青年朋友"表达了刘薰宇先生出版该书的心声。

　　《数学趣味》共有 11 部分，依次是：数学是什么、数学所给与人们的、数的启示、从数学问题说到我们的思想、恨点不到头、堆罗汉、八仙过海、棕榄谜、韩信点兵、王老头子的汤圆、假使我们有十二根手指。《数学趣味》是一本有趣的数学史，从数学是什么到数的启示，你会读到数的历史演变，你会读到从数到式的发展。从数学问题说我们的思想中，刘薰宇先生通过鸡兔同笼、勾股定理两个耳熟能详的问题，分析了数学中的通法和特法的关系，以及特殊与一般的关系。

　　大概说来，在十六七年前吧，从一部旧小说上，也许是《镜花缘》，看到一个数学题的算法，觉得很巧妙，至今仍没有忘记。那是一个关于鸡兔同笼的问题，题上的数字现在已有点儿模糊，假使总共十二个头，三十只脚，要求的便是那笼子里边究竟有几只鸡、几只兔。

那书上的算法很简便，将总共的脚的数目三十折半，得十五，从这十五中减去总共的头的数目十二，剩的是三，这就是那笼子里面的兔的只数；再从总共的头数减去兔的头数三，剩的是九，便是要求的鸡的数目。真是一点儿不差，三只兔和九只鸡，总共恰是十二个头，三十只脚。

……

八方桌和六方桌，总共八张，总共有五十二个角，试求每种各有几张。这个题目具备了前面所举的三个条件中的第一个和第二个，只缺第三个，所以不能完全用相同的方法计算。先将五十二折半得二十六，八方和六方折半以后，它们的角的数目相差虽只有一，但六方的折半还有三个角，八方的还有四个。所以，在三十六个角里面，必须将每张桌折半以后的脚数三只三只地都减去。总共减去三乘八得出来的二十四个角，所剩的才是每张八方桌比每张六方桌所多出的角数的一半。所以二十六减去二十四剩二，这便是八方桌有两张，八张减去二张剩六张，这就是六方桌的数目。将原来的方法用到这道题上，步骤就复杂了，但教科书上所说的方法，用到那些形式相差很远的例子上并不繁重，这就可以证明两种方法使用范围的广狭了。

读了上面的例子，你是否认识到越是普遍的法则，用来对付特殊的事例，往往越是容易显出不灵巧，但它的效用并不在使人得到小花招，而是要给大家一种可靠的、能够一以当百的方法。你是否认识到这可以列方程和方程组，解法更加普遍。

中国很老的数学书，如《周髀算经》上面，就载有一个关于直角三角形的定理，所谓"勾三股四弦五"。这正和希腊数学家毕达哥拉斯的定理："直角三角形的斜边的平方等于它两边的平方的和。"本质上没有区别。但由于表出的方法不同，它们的进展就大相悬殊。从时间上看，毕达哥拉斯是纪元前六世纪的人，《周髀算经》出世的时代虽已不能确定，但总不止二千六百年。从这儿，我们中国人也可以自傲了，这样的定理，我们老早就有的。这似乎比把墨子的木鸢当作飞行机的始祖来得大方些。然而为什么毕达哥拉斯的定理在数学史上有着很大的发展，而"勾三股四弦五"的说法，却没有新的突破呢？

这进一步告诉我们，我们的科学研究，尤其数学研究要从实际问题出发，从特殊到一般，发现普遍真理。刘薰宇进一步分析了一般三角形的三边类勾股的关系，扩展到费马定理，层层递进，精彩纷呈。

刘薰宇出版《数学趣味》有两个目的：一是打破一种观念："许多人以为数学是枯燥、繁杂、令人头疼、不切实用的学科，因而望而却步。打破这种观念，这是第一个共同的企图。"二是暗示处理材料和思索问题的方法："许多人以为学习数学，只要呆记书本上的法则、公式、定理等等，再将练习题做完，这就算全部掌握了。其实书本上的知识不但有限，而且也太固定了，我们所能遇见的更鲜活的材料不知有多少。将死板的方法用到这些活泼的材料上去，使它俩相得益彰，这是一条学习的正轨。学习不但要收集一些材料，还要掌握一些方法。掌握方法比收集材料更有效果。"

中学生可以看懂高等数学中的微积分，也许你认为这是天方夜谭吧。当你打开刘薰宇的《数学的园地》，你会发现微积分其实很简单。该书比较系统地说明了函数、诱导函数、积分、微分等概念及它们的运算法的基本原理。抽象、枯燥的高等数学内容，经过他巧妙的手法写出来，只要学过初等代数和几何的人，就能很轻松、毫不费力地读完并掌握。所以，该书完全可以作为中学生必备的重要自学书籍。

记起一段笑话，一段戏文上的笑话。有一个穷书生，讨了一个有钱人家的女儿做老婆，因此，平日就以怕老婆出了名。后来，他的运道亨通了，进京朝考，居然一榜及第。他身上披起了蓝衫，许多差人侍候着。回到家里，一心以为这回可以向他的老婆复仇了。哪知老婆见了他，仍然是神气活现的样子。他觉得这未免有些奇怪，便问："从前我穷，你向我摆架子，现在我做了官，为什么你还要摆架子呢？"

她的回答很妙："愧煞你是一个读书人，还做了官，'水涨船高'你都不晓得吗？"

你懂得"水涨船高"吗？船的位置的高低，是随着水的涨落变的。用数学上的话来说，船的位置就是水的涨落的函数。说女子是男子的函数，也就是同样的理由。在家从父，出嫁从夫，夫死从子，这已经有点儿像函数的样子了。如果还嫌粗略，我们不妨再精细一点儿说。女子一生下来，父亲是知识阶级，或官僚政客，她就是千金小姐；若父亲是挑粪、担水的，她就是丫头。这个地位一直到了她嫁人以后才会发生改变。这时，改变也很大：嫁的是大官僚，她便是夫人；嫁的是小官僚，她便是太太；嫁的是教书匠，她便是师母；嫁的是生意人，她便是老板娘；嫁的是 x，她就是 y，y 总是随着 x 变的，自己无法做主。这种情形和"水涨船高"真是一样，所以我说，女子是男子的函数，y 是 x 的函数。

函数的概念比较抽象，刘薰宇先生以旧社会妇女没地位，处处要服从男人这个事实作为从属关系的例子，把"一个变化另一个也跟着变"的道理说得幽默生动。相对于函数，微分、积分、导数以及微分方程更加抽象，但刘薰宇先生依然把它们讲得栩栩如生，通俗易懂。

《因数和因式》中，刘薰宇先生把小学的数和中学的式放在一起，可以类比学习，对于爱好数学的学生、学有余力的学生、在六年级着手初小衔接的学生，可以仔细读一读，品一品，你会发现二者之间有着紧密的联系。书中有一些名词在今天读起来更觉得生动：比如我们现在称为分解质因数，本书中称为"析因数"，分解因式在本书中称为"析因式"。有关式的部分，刘薰宇先生在书中做了细致的阐述，对初中数学中数与式的巩固、拓展提升有很大的帮助。

三、刘薰宇著作对后世的影响

刘薰宇的论著在当时深受人们的喜爱，有些人正是因为读了他的论著才对数学感兴趣，不再觉得数学是枯燥、难懂的学科。

著名物理学家、诺贝尔奖得者杨振宁在对香港中学生的演讲中说："早在中学时代，由于偶然的机会我对数学产生了兴趣，而且发现了自己的数学能力。20 世纪 30 年代，有一杂志名叫《中学生》。我想香港的一些图书馆一定还收藏有这份杂志。这份杂志非常好，面向中学生，办得认真，内容有趣。有一位刘薰宇先生，他是位数学家，写过许多通俗易懂和极其有趣的数学方面的文章。我记得，我读了他写的关于智力测验的文章，才知道排列和奇偶排列这些极为重要的数学概念。"

著名数学家、国家最高科学技术奖获得者谷超豪院士说："我很早就对数学产生了兴趣，中学时期除了好好学习课本外，我还看了不少课外书。记得看了刘薰宇先生的《数学的园地》，其中有一段讲述了微积分思想，从什么是速度讲起。当时在学中学物理课，我自以为很懂得速度、加速度等概念，然而读了这本书之后才发现，原来速度概念要用到微积分才能精确了解，于是对数学愈发地感兴趣了。"

刘薰宇先生的这些作品与教科书不同，刘薰宇说"在嬉皮笑脸中来谈点严肃的数学法则"（刘薰宇《科学小品和我》），这样的写法很得著名艺术家丰子恺的称赞。

好友李异鸣先生从孔夫子旧书网购得刘薰宇先生的《马先生谈算学》《数学趣味》《数学的园地》《因数和因式》套书。2020年春节，新冠肺炎疫情蔓延，待家防护，捧读大师这四本著作，仿佛和大师做了一番月余的长谈。"数学很难，数学很枯燥，数学很重要"，这是很多中小学生的内心独白。今天，我要向所有的中小学生推荐这套丛书，这套丛书能够让人感知数学知识可以是有趣的，也应该是有趣的，学习数学知识并不是苦差事。好书永远有生命力，刘薰宇先生的这套丛书就是好书，一代代人读，启迪智慧，开创未来。

北京市第八十中学　杨根深

2020 年 4 月

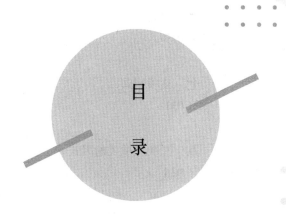

目　录

一

因数

1.【自然数列】 假若我们把 0 也作为一个数看，那么，从 0 起，依次加 1 上去，就可以得出有头无尾的一串数：

0，1，2，3，4，……10，……20，……100，……1000，……这一串数就叫作自然数列。

2.【约数和倍数】 在自然数列中，如 2，3，4，6 都可以除尽 12，我们就说 2，3，4，6 是 12 的约数。反过来，12 就叫作 2，3，4，6 的倍数。

一般地说，甲数能除得尽乙数，甲数就是乙数的约数，而乙数就是甲数的倍数，如 11 能除得尽 143，11 就是 143 的约数，而 143 就是 11 的倍数。

在这点，我们应当注意自然数列中：

（1）1是任何数的约数，因为用它除什么数都可以除尽。

（2）0是任何数的倍数，因为除0自己以外，什么数去除0就得0，并没有余数，就是除得尽。

3.【倍数的基本性质】 关于倍数，我们很容易推得下面的两个性质：

45是5的倍数，25也是5的倍数。

$$45 + 25 = 70 \text{ 和 } 45 - 25 = 20,$$

我们知道70和20也是5的倍数。这就是说：

一个数的几个倍数的和或两个倍数的差，还是它的倍数。

这是可以从乘法的分配定律说明的。

因为 $45 = 9 \times 5 \text{ 和 } 25 = 5 \times 5$，

所以 $45 + 25 = 9 \times 5 + 5 \times 5 = (9 + 5) \times 5 = 14 \times 5$，

和 $45 - 25 = 9 \times 5 - 5 \times 5 = (9 - 5) \times 5 = 4 \times 5$。

45是5的倍数，18不是5的倍数。

$$45 + 18 = 63 \text{ 和 } 45 - 18 = 27,$$

我们知道63和27都不是5的倍数。这就是说：

一个数的倍数加上或减去一个不是它的倍数的数，结果就不是它的倍数。

因为由前一个性质，若$45 + 18 = 63$和$45 - 18 = 27$，63和27都是5的倍数，则$63 - 45 = 18$和$45 - 27 = 18$，都应当是5的倍数，但这和我们提出的条件18不是5的倍数是矛盾的。

4.【2的倍数】 用2除得尽的数叫作偶数，用2除不尽的数叫作奇数。在自然数列中，奇数同着偶数是相互交替的。1是奇数，2是偶数，3 是奇数，4 是偶数……由此我们把 0 看成偶数。

20 是 2 个 10 的和，150 是 15 个 10 的和。但 10 是 2 的倍数，所以 20 和 150 都是 2 的倍数。这就是说：

末位是 0 的数都是 2 的倍数。

$$34 = 30 + 4 \text{ 和 } 256 = 250 + 6 \text{ 。}$$

两个式子右边的第一个数都是 2 的倍数，而第二个数也是 2 的倍数，所以它们的和也是 2 的倍数。这就是说：

末位是偶数的数都是 2 的倍数。

反过来，$187 = 180 + 7$，第一个数是 2 的倍数，而第二个数却不是 2 的倍数，所以 187 便不是 2 的倍数。这就是说：

末位是奇数的数都不是 2 的倍数。

5. 【4 的倍数】 $100 = 25 \times 4$，100 是 4 的倍数。$1300 = 13 \times 100$，就是 13 个 100，也就是 13 个 4 的倍数的和，所以也是 4 的倍数。这就是说：

末两位是 0 的数都是 4 的倍数。

$$3124 = 3100 + 24 \text{ 和 } 2576 = 2500 + 76 \text{ 。}$$

两个式子右边的第一个数都是 4 的倍数，第二个数 24 和 76 也是 4 的倍数。所以它们的和 3124 和 2576 也是 4 的倍数。这就是说：

末两位是 4 的倍数的数都是 4 的倍数。

相反地，末两位不是 4 的倍数的数也不是 4 的倍数。

同样地，我们还可以推得：

末三位是 0 或 8 的倍数的数都是 8 的倍数。

相反地，末三位不是 8 的倍数的数都不是 8 的倍数。

6.【5 和 10 的倍数】 末位是 0 的数都可以看成是若干个 10 的

和。30 是 3 个 10 的和,170 是 17 个 10 的和。但 10 是 5 和 10 的倍

数。这就是说:

末位是 0 的数都是 5 和 10 的倍数。

$$45 = 40 + 5 \text{ 和 } 1035 = 1030 + 5 。$$

两个式子右边的第一个数都是 5 的倍数,第二个数 5 也是 5 的倍

数,所以它们的和 45 和 1035 都是 5 的倍数。这就是说:

末位是 0 或 5 的数都是 5 的倍数。

相反地,末位不是 0 或 5 的数都不是 5 的倍数。

同样地,我们还可以推得:

末二位是 0 或 25,50,75 的数都是 25 的倍数。

末 三 位 是 0 或 125,250,375,500,625,750,875(125 的 倍

数)的数都是 125 的倍数。

7.【3 和 9 的倍数】 我们先注意一下:

$$9 \div 3 = 3 , \qquad 9 \div 9 = 1 ;$$

$$99 \div 3 = 33 , \qquad 99 \div 9 = 11 ;$$

$$999 \div 3 = 333 , \qquad 999 \div 9 = 111 。$$

就是只用 9 这一个数字组织成的数都是 3 和 9 的倍数。现在我们再

来看:

$$36 = 30 + 6 = 10 \times 3 + 6 = (9 + 1) \times 3 + 6 = 9 \times 3 + (3 + 6) ,$$

$$135 = 100 + 30 + 5 = (99 + 1) \times 1 + (9 + 1) \times 3 + 5$$

$$= (99 \times 1 + 9 \times 3) + (1 + 3 + 5) ,$$

$$2601=2000+600+1=(999+1)\times2+(99+1)\times6+1$$
$$=(999\times2+99\times6)+(2+6+1)。$$

各个式子右边的第一个数都是 9 的倍数，第二个数也都是 9 的倍数，所以它们的和 36，135，2601 都是 9 的倍数。

把各个式子右边的第二个数来和原数对照一下，我们可以看出来，它们就是原数的"各位数字的和"。这就是说：

一个数的各位数字的和是 9 的倍数，它就是 9 的倍数。

自然，这也可以用到 3。

一个数的各位数字的和是 3 的倍数，它就是 3 的倍数。

9 是 3 的倍数，所以 9 的倍数都是 3 的倍数，上面的 36，135，2601 都是 3 的倍数。但 3 的倍数不一定就是 9 的倍数，如 3，6，12，15……所以一个数的各位数字的和若只是 3 的倍数而不是 9 的倍数，它也就只是 3 的倍数而不是 9 的倍数。

8.【11 的倍数】 我们先注意一下：

$1=1$， $10=11-1$， $100=9\times11+1$，

$1000=91\times11-1$， $10000=909\times11+1$，

……………………………………………

$$869=800+60+9=100\times8+10\times6+9$$
$$=(9\times11+1)\times8+(11-1)\times6+9$$
$$=(9\times11\times8+11\times6)+(8-6+9)，$$

$$3553=1000\times3+100\times5+10\times5+3$$
$$=(91\times11-1)\times3+(9\times11+1)\times5+(11-1)\times5+3$$
$$=(91\times11\times3+9\times11\times5+11\times5)+(-3+5-5+3)，$$

$$23419 = 10000 \times 2 + 1000 \times 3 + 100 \times 4 + 10 \times 1 + 9$$
$$= (909 \times 11 + 1) \times 2 + (91 \times 11 - 1) \times 3 + (9 \times 11 + 1) \times 4 + (11 - 1) \times 1 + 9$$
$$= (909 \times 11 \times 2 + 91 \times 11 \times 3 + 9 \times 11 \times 4 + 11 \times 1) + (2 - 3 + 4 - 1 + 9)。$$

上面三个式子告诉我们，最后等式右边的第一个数都是 11 的倍数。所以原数是不是 11 的倍数就要看它最后等式右边的第二个数是不是 11 的倍数。

我们来仔仔细细地看看这些第二个数，同着原数对起来，它们都是奇数位数的数字在 '+'，偶数位数的数字在 '−'。

$$8 - 6 + 9 = (8 + 9) - 6 = 11，$$

$$-3 + 5 - 5 + 3 = (5 + 3) - (3 + 5) = 0，$$

$$2 - 3 + 4 - 1 + 9 = (2 + 4 + 9) - (3 + 1) = 11。$$

它们是 0 或 11 的倍数。所以原数也就是 11 的倍数。这就是说：

一个数的奇位数字的和同着它的偶位数字的和相减所得的差若是 0 或 11 的倍数，它就是 11 的倍数。

$$869 = 79 \times 11，\qquad 3553 = 323 \times 11，\qquad 23419 = 2129 \times 11。$$

二

质数

9.【质数和合数】 在自然数列中，如 2，3，5，7，11……这些数，只有 1 同着它自己可以除尽它，这种数我们叫作质数。另外如 4，6，8，9，10……这些数，除了 1 和它自己，还有别的数可以除尽它，2 可以除尽 4，6，8，10……，3 可以除尽 6，9……，这种数我们叫作合数。

照这个说法，0 可以看成合数，但 1 既不是合数，我们也不把它看成质数。因此，自然数列中的数可分成三类：

（1）单位数，就是 1，只有一个。

（2）质数，个数是无限的。下面我们再来证明。

（3）合数，个数是无限的。因为一个合数即如 4，我们无论用什么数去乘它得出来的都是合数。就是质数，只要用 1 以外的数去乘它也就得出合数，如 $3×2=6$ ， $3×7=21$ ，……

10.【判定质数的方法】 判定什么数是质数，这有两种说法：
（1）从1起到某一个数比如100，哪些数是质数？（2）任意提出一个数来，怎样判定它是不是质数？下面我们来分别加以说明。

（1）从1起到某一个数比如100，哪些数是质数？

解决这个问题，我们有一个很呆的方法，像下面所做的

[1]	2	3	4	5	6	7	8	9	10	11	12
13	14	15	16	17	18	19	20	21	22	23	24
25	26	27	28	29	30	31	32	33	34	35	36
37	38	39	40	41	42	43	44	45	46	47	48
49	50	51	52	53	54	55	56	57	58	59	60
61	62	63	64	65	66	67	68	69	70	71	72
73	74	75	76	77	78	79	80	81	82	83	84
85	86	87	88	89	90	91	92	93	94	95	96
97	98	99	100								

把一百个数顺次列出来。从2的下一个数3起，两个两个地数，数到的数都划掉（表上画在下面）。再从3的下一个数4起，三个三个地数，数到的数都划掉（表上画在上面）。顺着下来，5没有划掉，就从5的下一个数6起，五个五个地数，数到的数都划掉（表上画在右边）。再下去没有划掉的是7，就从7的下一个数8起，七个七个地数，数到的数都划掉（表上画在左边）。

假如我们不是从1起到100为止，那么还要照推下去。现在只到

100 为止，这样就行了。因为 7 以下没有划掉的已是 11。11 除 100 不过得 9。9 比 11 小，可以划掉的数，如 22，33，44……等在数 2，数 3 的时候就划掉了。

这样做法，没有划掉的数都是质数。现在把 200 以内的质数写在下面供大家参考：

2	3	5	7	11	13	17	19
23	29	31	37	41	43	47	53
59	61	67	71	73	79	83	89
97	101	103	107	109	113	127	131
137	139	149	151	157	163	167	173
179	181	191	193	197	199		

（2）任意提出一个数来，如 397 和 323，怎样判定它是不是质数？

解决这个问题，我们还是只有一个很呆的方法，就是把所有比它小的质数，从小到大地依次去除它。除到商数已经比除数小了还除不尽，它就是质数。因为我们是先用小的数去除，再用大的数除的；假如商数比除数小以后还除得尽，那么，商数做除数的时候早已经除尽了。

先看 397。由前面说过的法则，我们知道 2，3，5，11 都除不尽它。

$397 \div 7 = 56 \cdots\cdots 5$，　　　$397 \div 13 = 30 \cdots\cdots 7$，

$397 \div 17 = 23 \cdots\cdots 6$，　　　$397 \div 19 = 20 \cdots\cdots 17$，

$397 \div 23 = 17 \cdots\cdots 6$。

商数 17 比除数 23 小还除不尽，所以 397 是质数。

再看 323。2，3，5，11 也都除不尽它。

$323 \div 7 = 46 \cdots\cdots 1$，　$323 \div 13 = 24 \cdots\cdots 11$，

$323 \div 17 = 19$ 。

就是 $323 = 17 \times 19$ 不是质数。

11.【质数的个数是无限的】 我们说"有限"就是说有一个最大的数做界限。假如质数的个数是有限的,那么就是有一个最大的质数,凡是比它大的数都不是质数。我们就设这个最大的质数是 p。

现在我们来研究这样一个数 N,它等于从 2 起到 p 止的一切质数的积加上 1,即 $N = 2 \times 3 \times 5 \times 7 \times \cdots\cdots \times p + 1$。

首先,我们知道 N 总大于 p,所以若 N 就是质数,p 当然不是最大的质数。

其次,我们说 N 就是质数。因为比它小的质数,2,3,5,7,……p,无论拿哪一个去除它都要剩 1,就是总除不尽,所以 N 是质数,并且是大于 p 的。

这就是说,质数没有最大的一个。所以质数的个数是无限的。

三

析 因 数

12.【因数和质因数】 $3 \times 5 = 15$ ， $6 \times 7 = 42$ 或 $2 \times 3 \times 7 = 42$ ，两个以上的数相乘得出另一个数来，这些相乘的数就叫作那个得出来的数的因数。3 和 5 是 15 的因数，6 和 7 或 2，3 和 7 是 42 的因数。

因数是质数的叫作质因数，3 和 5 是 15 的质因数，2，3 和 7 是 42 的质因数。

质数便只有两个因数，1 和它自己，如 $7 = 1 \times 7$ 。

13.【析因数】 把一个合数分成几个因数，用这些因数的连乘积来表示它，这叫作析因数。

析因数，我们总是把合数的质因数分析出来。

析一个合数的质因数的方法，除了 2，3，5，11 我们可以用前面所讲过的法则视察以外，只有把比它小的质数去试除它。自然，除到可以判定它是质数的时候就用不着再做下去了。

前面我们还讲过 4，8，9，10，25，125 这些数的倍数的视察法，当然也是可以用的，不过要把它们分成质因数 2×2，$2\times2\times2$，3×3，2×5，5×5，$5\times5\times5$ 的连乘积。同一个因数的连乘，我们是把它连乘的个数记在它的右肩上，如 $2\times2=2^2$，$2\times2\times2=2^3$，$3\times3=3^2$，$5\times5=5^2$，$5\times5\times5=5^3$。

〔例 1 〕求 420 的质因数。

$2\underline{|420}$……　末位是 0，所以用 2 去除。

$2\underline{|210}$……　末位是 0，所以用 2 去除。

$5\underline{|105}$……　末位是 5，所以用 5 去除。

　$3\underline{|21}$……　2+1=3 是 3 的倍数，所以用 3 去除。

　　7……　7 已经是质数。

　∴　$420=2\times2\times5\times3\times7=2^2\times3\times5\times7$。

注意　我们很容易看出来 $420=42\times10=21\times20$。所以也可以分别先将 42 和 10 或 21 和 20 分析它们的质因数，再把所分析得的各质因数连乘起来。

（1）　$\begin{array}{l}2\underline{|42}\\3\underline{|21}\\\quad7\end{array}$　$\begin{array}{l}2\underline{|10}\\\quad5\end{array}$　　$\therefore\ 420=42\times10=(2\times3\times7)\times(2\times5)$
　　　　　　　　　　　　　　　　$=2^2\times3\times5\times7$。

（2）　$\begin{array}{l}3\underline{|21}\\\quad7\end{array}$　$\begin{array}{l}2\underline{|20}\\2\underline{|10}\\\quad5\end{array}$　　$\therefore\ 420=21\times20=(3\times7)\times(2\times2\times5)$
　　　　　　　　　　　　　　　　$=2^2\times3\times5\times7$。

〔例 2 〕求 2743 的质因数。

$13\underline{|2743}$　　　　$13\underline{|211}$……　211 已是质数。

　　211　　　　　　16……　　3

$$\therefore 2743=13 \times 211。$$

由视察我们知道 2，3，5，11 都不是 2743 的因数。由心算，我们知道 7 也不是它的因数。

用 13 去除它得 211。因为 2，3，5，7，11 都不是 2743 的因数，所以也不是 211 的因数。再用 13 去除 211 得 16 剩 3。比 13 大的质数是 17 已经比 16 大，所以用不着再去试除，已经可以判定 211 是一个质数。

四
最大公约数

14.【公约数和最大公约数】　几个数公共有的约数叫作它们的公约数。如 12 的约数是 2，3，4，6，12；18 的约数是 2，3，6，9，18；24 的约数是 2，3，4，6，8，12，24。2，3，6 是 12，18 和 24 所公共有的约数，就是它们的公约数。

几个数的公约数中最大的一个叫作它们的最大公约数，我们用 *G.C.M.* 代表它。在前面所举的例中，6 就是 12，18，24 的最大公约数。

15.【互质数】　几个数除 1 以外没有公约数的叫作互质数。如 5 和 6 以及 12，35 和 121 各是互质数。

16.【求最大公约数法——析质因数法】　先把要求最大公约数的各数析成质因数的连乘积。

其次把各数公有的质因数提出来相乘，所得的积就是所求的最大公约数。如果同一个质因数各有几个，只取最少的个数。

〔例 1〕求 180 和 126 的最大公约数。

∵ $180=2^2 \times 3^2 \times 5$ 和 $126=2 \times 3^2 \times 7$。

∴ $G.C.M. = 2 \times 3^2 = 18$。

这个演算又可列成下式：

$$
\begin{array}{r|lll}
2 & 180 & 126 & \cdots\cdots \quad 2\text{是公因数。} \\
3 & 90 & 63 & \cdots\cdots \quad 3\text{是公因数。} \\
3 & 30 & 21 & \cdots\cdots \quad 3\text{是公因数。} \\
 & 10 & 7 & \cdots\cdots \quad 10\text{和}7\text{已经是互质数。}
\end{array}
$$

∴ $G.C.M. = 2 \times 3 \times 3 = 18$。

注意 这里只是将各个公因数，就是各次的除数连乘。又各数的最大公约数去除各数所得的商一定是互质数。

〔例 2〕求 210，1260 和 245 的最大公约数。

∵ $210 = 2 \times 3 \times 5 \times 7$，

　　$1260 = 2^2 \times 3^2 \times 5 \times 7$，

和　　$245 = 5^2 \times 7$。

∴ $G.C.M. = 5 \times 7 = 35$。

这个演算又可列成下式：

$$
\begin{array}{r|lll}
5 & 210 & 1260 & 245 \\
7 & 42 & 252 & 49 \\
 & 6 & 36 & 7
\end{array}
$$

∴ $G.C.M. = 5 \times 7 = 35$。

〔例 3〕求 9000 和 1350 的最大公约数。

$$10 | \underline{9000 \quad 1350} \cdots\cdots \text{10 是公因数}$$
$$5 | \underline{900 \quad 135} \cdots\cdots \text{5 是公因数}$$
$$9 | \underline{180 \quad 27} \cdots\cdots \text{9 是公因数}$$
$$20 \quad 3$$

$$\therefore G.C.M. = 10 \times 5 \times 9 = 450。$$

注意 每次用去除的数只要是各个数的公因数就可以，不限定要质因数。

17.【**求最大公约数法——辗转相除法**】 要求两个数的最大公约数，若不容易把它们分成质因数的连乘积，也就不容易找出它们的公因数去除它们，在这种场合就用辗转相除法。

这个方法是这样：把较小的一个数去除较大的一个数，假如除得尽，这个较小的数既除得尽较大的一个，也除得尽它自己，它就是两个数的最大公约数，假如除不尽，就是有一个余数，并且这个余数自然比它要小，这个余数就算是第一余数。接着就用这个第一余数去除较小的一个数，若有余数就算是第二余数。第二余数当然比第一余数要小，就用它去除第一余数。假如还除不尽，就有第三余数。第三余数当然比第二余数要小，就用它去除第二余数。假如还除不尽，就照样做下去。因为每次的余数都要比上一次的小，所以到最后只有两种结果：一种是剩 1，这就是原来的两个数没有公约数，而是互质数。另外一种是剩 0，这就是除尽了。最后一个除数就是所求的最大公约数（这个证明我们留到以后再讲）。

〔例 1 〕求 437 和 1691 的最大公约数。

第二次的商……1	437	1691	3……第一次的商
	380	1311	
第二余数……1 ┆57	380	6……第一余数
第四次的商…… 38	342	……第三次的商
第四余数……19	38 ┆2……第三余数
	38	……第五次的商
	0	

所求的 G.C.M. = 19。

〔例 2 〕求 437 和 2500 的最大公约数。

1	437	2500	5
	315	2185	
1	122	315	2
	71	244	
2	51	71	1
	40	51	
1	11	20	1
	9	11	
	2	9	4
		8	
		1	……最后余数

所以 437 和 2500 是互质数。

注意 1　像例 2，两个数中的一个 2500，我们很容易把它析成质因数的连乘积，$2500=2^2 \times 5^4$。用 2 和 5 去除另外一个数 437 也很容易看出来都不能除尽。这就不必用辗转相除的方法也可以判定 437 和 2500 是互质数。因为 2500 的质因数 2 和 5 都不是 437 的因数，这就是说它们除 1 以外没有别的公因数。

注意 2　例 2 的演算又可以像下面的办法变得比较简便一些。

1	437	2500	5
	315	2185	
2	122	315	5
6	61	305	
	60	10	
	1		

最后余数……

因为第二余数 122 有因数（不一定是质因数）2，但 2 不是要用它去除的第一余数 315 的因数，在演算过程中先把它约去，对于所求的最大公约数不会发生什么影响。并且这种方法在演算过程中无论哪一个阶段都可以用。

〔例 3 〕求 78，130 和 195 的最大公约数。

先求 78 和 130 的最大公约数。

1	78	130	1
	52	78	
	26	52	2
		52	
		0	

所以 78 和 130 的最大公约数是 26。

再求 26 和 195 的最大公约数。

2	26	195	7
	26	182	
	0	13	

所以，26 和 195 的最大公约数是 13，也就是 78，130 和 195 的最大公约数是 13。因为 13 可以除尽 26，也就可以除尽 78 和 130，但 26

却不能除尽 195。

注意 1 例 3 只是作为演算辗转相除的例，实际演算 78 和 130 的最大公约数是 26 很容易得出来。而 26=2×13，2 不是 195 的因数，只须用 13 去除 195 正好除尽，就可以知道 13 是 78，130 和 195 的最大公约数。

注意 2 辗转相除法，一次只能求两个数的最大公约数，所以要求四个数的最大公约数就得分三次。先求出两个数的最大公约数，再用它和第三个数求三个数的最大公约数。又再用所得的数和第四个数求最大公约数。自然也可以把四个数分成两个一组的两组，先求各组的最大公约数，再求两组的最大公约数的最大公约数。

〔例 4 〕求 2226，3339，8904 和 11130 的最大公约数。

先分别求 2226 和 3339 以及 8904 和 11130 的最大公约数。

2	2226	3339	1		4	8904	11130	1
	2226	2226				8904	8904	
	0	1113				0	2226	

2226 和 3339 的最大公约数是 1113 以及 8904 和 11130 的最大公约数是 2226。再求 1113 和 2226 的最大公约数。在本题这是很明白的，1113 就是所求的最大公约数，用不着再用辗转相除法去计算一次。但在一般的场合不会正好就可以看得出来的，必须再计算一次。

五

最小公倍数

18.【公倍数和最小公倍数】 几个数公共的倍数叫作它们的公倍数。如 12，24 和 36 都是 2，4，6 和 12 的公倍数。

几个数的公倍数的个数是无限的，因为它们的任何一个公倍数的倍数都是它们的公倍数。几个数的公倍数中最小的一个叫作它们的最小公倍数，我们用 *L. C. M.* 代表它。如 12，24 和 36 都是 2，4，6 和 12 的公倍数，其中 12 最小，它就是 2，4，6 和 12 的最小公倍数。

19.【求最小公倍数法——析质因数法】 先把要求最小公倍数的各数析成质因数的连乘积。

其次把各个数所含的不相同的质因数都提出来相乘，所得的积就是所求的最小公倍数。但两个以上的数所公有的质因数，只取各数中含的个数最多的一个。自然，若几个数含的某一个质因数的个数相同，那就只取一次。

〔例 1 〕求 35，40 和 100 的最小公倍数。

∵　35=5×7 ，40=2^3×5 和 100=2^2×5^2 。

∴　L.C.M.=2^3×5^2×7=1400 。

三个数所含的不相同的质因数是 2，5 和 7。40 和 100 都含有 2，最多的是 2^3。40 和 100 都含有 5，最多的是 5^2。7 只有一个。因此得出 L. C. M. 是 2^3×5^2×7 。

这个演算又可列成下式：

$$
\begin{array}{l}
5\,\underline{|35\quad 40\quad 100}\ \cdots\cdots\ \text{5 是三个数的公因数。}\\
2\,\underline{|7\quad 8\quad 20}\ \cdots\cdots\ \text{2 是 8 和 20 的公因数。}\\
2\,\underline{|7\quad 4\quad 10}\ \cdots\cdots\ \text{2 是 4 和 10 的公因数。}\\
\quad\ \ 7\quad 2\quad 5\ \cdots\cdots\ \text{各数中任何两个数都没有公因数。}
\end{array}
$$

∴　L.C.M.=5×2×2×7×2×5=1400。

注意　这里先是用各个数的公因数去除。到各个数已没有公因数的时候，再用其中几个数的公因数去除，不能除尽的就不用除，照样写下来。这样连续做下去到各个数中任何两个都没有公因数为止。

末了，把所有的除数（在式子左边的）和所有的商数（在式子下面的）相乘。

〔例 2 〕求 500，507 和 798 的最小公倍数。

∵　$500=2^2×5^3$，$507=3×13^2$ 和 $798=2×3×7×19$ 。

∴　L.C.M.$=2^2×3×5^2×7×13^2×19=33715500$ 。

这个演算又可列成下式：

```
2│500   507   798
3│250   507   399
  250   169   133 ……   2 各数中任何两个数
                         都没有公因数。
```

$$\therefore \quad L.C.M. = 2 \times 3 \times 250 \times 169 \times 133 = 33715500。$$

注意 1　两个数若是互质数，则它们的最小公倍数就等于它们相乘的积。几个数中，若是任何两个都是互质数，则它们的最小公倍数就等于它们相乘的积。如 3，7 和 8 的最小公倍数就是 $3 \times 7 \times 8 = 168$。

注意 2　几个数中，若最大的一个是其他各个的倍数，则它就是它们的最小公倍数，因它也是它自己的倍数。60，15，12 和 5；60 是 15，12 和 5 的倍数，它也就是 60，15，12 和 5 的最小公倍数。

20.【求最小公倍数法——先求最大公约数法】　要求两个数的最小公倍数，若不容易把它们分成质因数的乘积，自然也就不容易找出它们的公因数去除它们。在这种场合就先求它们的最大公约数——用辗转相除法。

我们先来观察一下。例如要求 70 和 90 的最小公倍数。照前节的方法和求最大公约数的方法，是：

```
2│70   90
5│35   45
  7    9
```

$$\therefore \quad L.C.M. = 2 \times 5 \times 7 \times 9 = 630；$$
$$G.C.M. = 2 \times 5 = 10。$$

用它们的最大公约数分别去除它们，所得的商是 7 和 9，一定是互质数。

并且它们的最小公倍数 $630 = 2 \times 5 \times 7 \times 9 = (10 \times 7) \times 9$

$$= 70 \times 9 = 70 \times (90 \div 10)。$$

又它们的最小公倍数 $630 = 2 \times 5 \times 7 \times 9 = (10 \times 9) \times 7$

$$= 90 \times (70 \div 10)。$$

这就是说：两个数的最小公倍数（630）等于其中的一个数（70 或 90）乘以另一个数（90 或 70）被它们的最大公约数（10）除得的商（9 或 7）。

根据这个性质，要求两个数的最小公倍数，就先求它们的最大公约数。其次用这个最大公约数去除其中的一个数，而把所得的商和其他的一个数相乘。这样就得所求的最小公倍数。

〔例 1 〕求 336 和 1260 的最小公倍数。

先求它们的最大公约数。

```
1 │ 336  │ 1260 │ 3
  │ 252  │ 1008 │
  │  84  │  252 │ 3
  │      │  252 │
  │      │    0 │
```

$\therefore$ $G.C.M. = 84$。

用 84 去除 336 再和 1260 相乘，

$$336 \div 84 \times 1260 = 4 \times 1260 = 5040。$$

或用 84 去除 1260 再和 336 相乘，

$$1260 \div 84 \times 336 = 15 \times 336 = 5040。$$

$\therefore$ $L.C.M. = 5040$。

由这个演算，我们还可以知道：

两个数的最小公倍数等于它们的相乘积除以它们的最大公约数。

例如 $5040 = (4 \times 84) \times 1260 \div 84 = (336 \times 1260) \div 84$

或 $5040 = 15 \times 336 = (15 \times 84) \times 336 \div 84$

$$= (1260 \times 336) \div 84。$$

注意 例1的方法，一次只能求两个数的最小公倍数。若要求三个以上的数的最小公倍数，就先求两个数的，然后将求得的最小公倍数和第三个数求。再又把求得的最小公倍数和第四个数求。若求五个数以上的，只要这样一步一步地照做下去就行了。

〔例 2〕求 336，1260 和 350 的最小公倍数。

先求 336 和 350 的最小公倍数。

24	336	350	3
	336	336	
	0	14	

∴ $G.C.M. = 14$，而 $L.C.M. = 336 \div 14 \times 350 = 24 \times 350$

$$= 8400。$$

再求 8400 和 1260 的最小公倍数。

1	1260	8400	6
	840	7560	
	420	840	2
		840	
		0	

∴ $G.C.M. = 420$，而 $L.C.M. = 1260 \div 420 \times 8400$

$$= 3 \times 8400 = 25200。$$

注意 若利用前例已知 336 和 1260 的最小公倍数是 5040，再求 5040 和 350 的最小公倍数。我们很容易知道它们的最大公约数是 70。

$$\therefore \quad L.C.M. = 350 \div 70 \times 5040 = 5 \times 5040 = 25200。$$

21.【最大公约数和最小公倍数的应用】 许多实际问题的计算，都和最大公约数或最小公倍数有关系。现在举几个例在下面：

〔例1〕某数用45去除剩20，若用9去除剩多少？

因为45是9的倍数，所以用9去除所剩的数是从余数20被9去除得出来的。

$20 \div 9 = 2$ 剩2，所以某数用9去除剩的是2。

〔例2〕比1大而比100小的三个数，相乘得2838，这三个数是什么？

三个数的乘积就等于它们的各个质因数的乘积；因此，我们先把2838析成质因数的积。

$$2838 = 2 \times 3 \times 11 \times 43。$$

一共有四个质因数。把这四个质因数分成三组，三组所成的数相乘都可以得2838。

但题目却限制三个数都要小于100，因此3和11都不能同着43在一组。所以就43说，只能单独在一组或同着2在一组。

43单独在一组，剩下的三个质因数2，3，11，又得分成两组，这有三种可能：

$$11，2 \times 3；\quad 11 \times 2，3；\quad 11 \times 3，2。$$

总起来就可以得三种解答：

$$43，11，6；\quad 43，22，3；\quad 43，33，2。$$

若43同着2在一组，那就只剩下两个质因数，3和11。因此三个数只能是86（43×2），11，3。

本题的解答一共是四种：

43，11，6；　　43，22，3；　　43，33，2；　　86，11，3。

〔例3〕用28和16分别去除都剩5的数，最小的是什么？

凡28的倍数加上5，用28去除都剩5，凡16的倍数加上5，用16去除都剩5。

28和16的公倍数加上5，用28和16分别去除都剩5。因为题目上要的是最小的一个，所以先求28和16的最小公倍数再加上5就得所求的数。

$$\because \quad 28 = 2^2 \times 7，16 = 2^4。$$

$\therefore \quad L.C.M. = 2^4 \times 7 = 112$，而$112 + 5 = 117$即所求的数。

〔例4〕两数的最大公约数是12，最小公倍数是72，求这两个数。

由20节所举的例，可以知道：两个数的最大公约数分别去除两个数所得的商是互质数。并且它们的最小公倍数就等于它们的最大公约数和这两个商相乘的积。所以

最小公倍数 ÷ 最大公约数 = 最大公约数除各数的商的积

$$72 \div 12 = 6 = 2 \times 3。$$

因为2和3正是互质数，

所以　　$12 \times 2 = 24$ 和 $12 \times 3 = 36$ 就是所求的两个数。

〔例5〕两数的积是5766，最大公约数是31，求这两个数。

由20节知道：两数的积 ÷ 最大公约数 = 最小公倍数。

$5766 \div 31 = 186$……最小公倍数。

依上例的算法 $186 \div 31 = 6 = 2 \times 3$。

所以 31×2=62 和 31×3=93 就是所求的两个数。

〔例 6 〕两数的和是 144，最大公约数是 24，求这两个数。

两个数的和 ÷ 最大公约数 = 两个数被最大公约数除所得的商的和。

$$\therefore \ 144÷24=6=1+5=2+4=3+3 。$$

但这两个商必须是互质数，因而只能取 1 和 5，

所以 24×1=24 和 24×5=120 就是所求的两个数。

〔例 7 〕甲，乙两个齿轮互相衔接，甲有 35 齿，乙有 40 齿。甲的某一齿和乙的某一齿相接触后，再相接，至少各须转几次？

两个齿轮同时转动，从某两齿相接到第二次相接，它们转动的时间相同，所转过的齿数也就相等。因此所转的齿数最少是它们齿数的最小公倍数。

$$\because \ 35=5×7 \text{ 和 } 40=5×2^3,$$

$$\therefore \ L.C.M.=7×5×2^3=280 。$$

$$又 \ 280÷35=8 \text{ 和 } 280÷40=7 。$$

即甲齿轮转 8 次，乙齿轮转 7 次。

〔例 8 〕甲、乙、丙三个人骑自行车绕着一个圆的场子转，甲 4 分钟，乙 6 分钟，丙 8 分钟转一次。三个人从同一地点出发，到同一地点相会，至少需多少时间？各转几周？

三个人从出发到原地点相会，所走的时间是相同的，并且所转场子的周数都是整数。所以所需的时间必是各人转一周的时间的公倍数。所求的最少的时间，即它们的最小公倍数。

$$4，6，8 \text{ 的最小公倍数} =24 。$$

即至少需 24 分钟。

$$24 \div 4 = 6， 24 \div 6 = 4， 24 \div 8 = 3。$$

即甲转 6 周，乙转 4 周和丙转 3 周。

〔例 9〕把 1 尺 3 寸 5 分长，1 尺 5 分宽的纸裁成一样大的正方块，不许剩下纸，这正方块最大每边长多少？一共裁多少块？

因为要裁成正方块并且不能剩下纸，所以每边的长必须是 135 分和 105 分的最大公约数。

$$135 = 3^3 \times 5 \text{ 和 } 105 = 3 \times 5 \times 7。$$

$$\therefore \ G.C.M. = 3 \times 5 = 15 (\text{分})，即正方块每边的长。$$

$$135 \div 15 = 9，长处可以裁 9 块。$$

$$105 \div 15 = 7，宽处可以裁 7 块。$$

$$7 \times 9 = 63，一共裁 63 块。$$

〔例 10〕将长 1 尺 5 寸，宽 1 尺 2 寸的长方石板铺成正方形，最少要多少块？铺的地面每边多少长？

因为铺成的是正方形，它的一边必须是石板的长和宽的公倍数。

$$15 = 3 \times 5 \text{ 和 } 12 = 3 \times 4$$

$$\therefore \ L.C.M. = 3 \times 4 \times 5 = 60，即每边至少长 6 尺。$$

$$60 \div 15 = 4 \text{ 和 } 60 \div 12 = 5， 4 \times 5 = 20。$$

即至少要 20 块石板。

六

因式

22.【因式和倍式】 算术里面我们是专拿数来做研究对象的，研究数的性质，研究计算数的法则，并且所研究的数范围也比较狭窄。即如约数，倍数，公约数，公倍数……这些都是只拿自然数或说正整数作对象的。

在代数里因为用了文字去代替数，所研究的虽然基本上还是数的性质以及计算它们的法则，但是我们是用式子表示出来而加以研究的。因此和算术里的数相当的却是一些式子。

两个或几个式子相乘得出另外一个式子来，我们把它叫作那相乘的几个式子的积。这几个相乘的式子，就叫作那所得的积的因式。

例如： $(3ab) \times (2ax) = 6a^2bx$ ，

$$a(x+y+z)=ax+ay+az,$$

$$(a+b)(x+y)=ax+ay+bx+by.$$

$3ab$ 和 $2ax$ 就是 $6a^2bx$ 的因式。

a 和 $x+y+z$ 就是 $ax+ay+az$ 的因式。

$a+b$ 和 $x+y$ 就是 $ax+ay+bx+by$ 的因式。

这自然是很明白的,一个式子若是由几个式子相乘得出来的,那么这些式子中的每一个都除得尽它。所以,这样的式子就叫作它的因式的倍式。

跟着,一个式子若是只有它自己是它的因式(看成是 1 和它相乘得的),就叫作质式。算术里,我们可以把自然数列中的质数依照大小的顺序列出许多来,在代数里,要照样列出许多质式来,那是不可能的,也是不必要的。

23. 【析因式】 把一个式子分析成为若干个质式的连乘积,这叫作析因式。算术里析因数,我们是把比那个要析它的因数的数小的质数从小到大依次去试除它。在代数里,我们既不能有什么一系列的质式,可以用它们分别来除任一个式子,所以同样的方法就没有了。

代数里的析因式,基本上只是乘法的倒转。我们倘若熟习了某种形式的两个式子相乘得出什么一种形式的式子,那么遇着这种形式的式子,就可把它分成某种形式的两个因式,析因式,在代数里相当重要,我们一定要善于把握一些式子的形式。

七

独项因式

24.【**独项因式**】 一个式子的各项所共同有的因式，叫作它的独项因式。由乘法，我们知道：

$$a(b+c+d)=ab+ac+ad。$$

反过来看，就是：

$$ab+ac+ad=a(b+c+d)。$$

a 是左边这个式子的各项所共同有的因式，它就是这个式子的独项因式。因此左边这个式子就是由右边的两个式子 a 和 $b+c+d$ 相乘得的。

〔例 1 〕析 $12a^2x^3-9ax^2y+15ax^2y^2$ 的因式。

先从各项的数系数 12，9，15 看；它们的公因数是 3。

再看各项都有 a 和 x^2。

所以 $3ax^2$ 便是这个式子的独项因式。

用 $3ax^2$ 分别去除各项得 $4ax$，$3y$ 和 $5y^2$。

$$\therefore \quad 12a^2x^3 - 9ax^2y + 15ax^2y^2$$
$$= (3ax^2)(4ax) - (3ax^2)(3y) + (3ax^2)(5y^2)$$
$$= 3ax^2(4ax - 3y + 5y^2)。$$

〔例 2 〕析 $(x+y)^3 - (x+y)^2 + (x+y)$ 的因式。

我们把 $(x+y)$ 看成一个独项因式，它是各项所共同有的。

$$\therefore \quad (x+y)^3 - (x+y)^2 + (x+y)$$
$$= (x+y)(x+y)^2 - (x+y)(x+y) + (x+y) \times 1^{①}$$
$$= (x+y)\{(x+y)^2 - (x+y) + 1\}。$$

〔例 3 〕析 $(4x+3y)(2x-7y) + (7x-6y)(7y-2x)$ 的因式。

就表面看去，$4x+3y$ 第二项没有，$7x-6y$ 第一项没有，而 $2x-7y$ 和 $7y-2x$ 又不一样，好像这个式子就没有独项因式。但我们若注意到 $7y-2x = -(2x-7y)$ 只差一个符号，所以 $2x-7y$ 是两项所共同有的因式。

$$\therefore \quad (4x+3y)(2x-7y) + (7x-6y)(7y-2x)$$
$$= (4x+3y)(2x-7y) - (7x-6y)(2x-7y)$$
$$= (2x-7y)\{(4x+3y) - (7x-6y)\}$$
$$= (2x-7y)(4x+3y-7x+6y)$$
$$= (2x-7y)(9y-3x)$$
$$= 3(2x-7y)(3y-x)。$$

25.【分组析独项因式法】 有些式子，各项没有共同的因式，但若把它分成若干组，每组的各项都有共同的因式。并且把各组的独项因

---

① 无论什么式子都可以看成是它和 1 相乘得出来的。在析因式的时候，切不可因为整个式子拿到括弧外面以后，那一项就作为 0。因为析因式拿出一个因式，基本上是用那个因式去除原式的各项，所以应当有一个商数 1。

式分析出来以后，各项就有了共同的因式。遇着这种场合，就先分组析独项因式。

分组的时候必须注意：

（1）每组的项数须一样多。

（2）分了以后，每组的各项要有共同的因式。

（3）把每组的独项因式析出后，所得的式子的各项也有共同的因式。

〔例 1 〕析 $ab + cd + ac + bd$ 的因式。

这个式子，四项没有共同的因式，第一、二项和第三、四项也没有共同的因式。但若把各项的序次调动一下，就可分成两组，每组的两项都有共同的因式。

$$ab + cd + ac + bd = (ab + ac) + (bd + cd)$$
$$= a(b + c) + d(b + c)$$
$$= (b + c)(a + d)。$$

也可以这样：

$$ab + cd + ac + bd = (ab + bd) + (ac + cd)$$
$$= b(a + d) + c(a + d)$$
$$= (a + d)(b + c)。$$

〔例 2 〕析 $ax - ay + bx + cy - cx - by$ 的因式。

$$ax - ay + bx + cy - cx - by$$
$$= (ax - ay) + (bx - by) - (cx - cy)$$
$$= a(x - y) + b(x - y) - c(x - y)$$
$$= (x - y)(a + b - c)。$$

也可以这样：

$$ax - ay + bx + cy - cx - by$$
$$= (ax + bx - cx) - (ay + by - cy)$$
$$= x(a + b - c) - y(a + b - c)$$
$$= (x - y)(a + b - c)。$$

注意 第一法是用 a，b，c 做标准分成三组；第二法是用 x，y 做标准分成两组。

〔例 3 〕析 $a^2 + cd - ab - bd + ac + ad$ 的因式。

$$a^2 + cd - ab - bd + ac + ad$$
$$= (a^2 + ad) - (ab + bd) + (ac + cd)$$
$$= a(a + d) - b(a + d) + c(a + d)$$
$$= (a + d)(a - b + c)。$$

或　$a^2 + cd - ab - bd + ac + ad$
$$= (a^2 - ab + ac) + (ad - bd + cd)$$
$$= a(a - b + c) + d(a - b + c)$$
$$= (a + d)(a - b + c)。$$

〔例 4 〕析 $x^4 + x^3 + 2x^2 + x + 1$ 的因式。

这个式子，形式上只有 5 项，不能分成项数一样的两组或三组，但若把 $2x^2$ 看成 $x^2 + x^3$，原式就成了六项。这种把一项分开成两项或几项的方法，以后也常常要用到。

$$x^4 + x^3 + 2x^2 + x + 1 = (x^4 + x^3 + x^2) + (x^2 + x + 1)$$
$$= x^2(x^2 + x + 1) + (x^2 + x + 1)$$
$$= (x^2 + 1)(x^2 + x + 1)。$$

或　$x^4 + x^3 + 2x^2 + x + 1 = (x^4 + x^2) + (x^3 + x) + (x^2 + 1)$
$$= x^2(x^2 + 1) + x(x^2 + 1) + (x^2 + 1)$$
$$= (x^2 + 1)(x^2 + x + 1)。$$

〔例 5 〕析 $ab(c^2 - d^2) - (a^2 - b^2)cd$ 的因式。

$$ab(c^2 - d^2) - (a^2 - b^2)cd$$
$$= abc^2 - abd^2 - a^2cd + b^2cd$$
$$= (abc^2 - a^2cd) + (b^2cd - abd^2)$$
$$= ac(bc - ad) + bd(bc - ad)$$
$$= (bc - ad)(ac + bd)。$$

或 $ab(c^2 - d^2) - (a^2 - b^2)cd$
$$= abc^2 - abd^2 - a^2cd + b^2cd$$
$$= (abc^2 + b^2cd) - (a^2cd + abd^2)$$
$$= bc(ac + bd) - ad(ac + bd)$$
$$= (ac + bd)(bc - ad)。$$

八

二次三项式的因式

26.【完全平方式的因式】 在乘法里我们已经知道:

$$(a+b)^2 = a^2 + 2ab + b^2 ,$$

和

$$(a-b)^2 = a^2 - 2ab + b^2 。$$

反过来看,就是:

$$a^2 + 2ab + b^2 = (a+b)^2 ,$$

和

$$a^2 - 2ab + b^2 = (a-b)^2 。$$

这两个左边的二次三项式,只有中间一项的正负号不同。但右边的 a 和 b 的一次式也只有一个正负号不同。因此,我们可以把它们并在一起来考察。

第一，两个二次三项式的第一项和第三项都是一个平方数。并且第一项正是右边那因式的第一项的平方，第三项正是右边那因式的第二项的平方。

第二，两个二次三项式的第二项，都是右边那因式的两项的积的 2 倍；连符号都可以一起算进去。

由于这样，我们若是有了一个二次三项式，把它的次序整理得和上面的两个一样，就很容易看出它是不是一个完全平方式。

（1）先看第一和第三项是不是完全平方数并且符号相同。

（2）假若是的，再看它们的平方根相乘的"2"倍是不是和第二项相等；符号的正负暂时不妨不去管它。

（3）假如也对了，那么这两个平方根的和（在第二项是正号的时候）或它们的差（在第二项是负号的时候）的平方就是所求的因式。

〔例 1 〕析 $x^2 + 8x + 16$ 的因式。

第一项是 x 的平方，第三项是 4 的平方，并且符号都是正的，这就合了（1）。

x 和 4 的积的 2 倍等于 $8x$，正好等于第二项，这就合了（2）。

$$\therefore \quad x^2 + 8x + 16 = x^2 + 2 \cdot x \cdot 4 + 4^2$$
$$= (x + 4)^2。$$

〔例 2 〕析 $16x^2 - 24xy + 9y^2$ 的因式。

$$16x^2 - 24xy + 9y^2 = (4x)^2 - 2(4x)(3y) + (3y)^2$$
$$= (4x - 3y)^2。$$

〔例 3 〕析 $a^2 b^2 c^2 + abc + \dfrac{1}{4}$ 的因式。

$$a^2b^2c^2 + abc + \frac{1}{4} = (abc)^2 + 2(abc) \times \frac{1}{2} + \left(\frac{1}{2}\right)^2$$

$$= \left(abc + \frac{1}{2}\right)^2 。$$

〔例 4 〕析 $81a^2d^2 - 180abcd + 100b^2c^2$ 的因式。

$$81a^2d^2 - 180abcd + 100b^2c^2$$

$$= (9ad)^2 - 2(9ad)(10bc) + (10bc)^2$$

$$= (9ad - 10bc)^2$$

〔例 5 〕析 $(m+5n)^2 - 2(m+5n)(3m-n) + (3m-n)^2$ 的因式。

$$(m+5n)^2 - 2(m+5n)(3m-n) + (3m-n)^2$$

$$= \{(m+5n) - (3m-n)\}^2$$

$$= (6n - 2m)^2 = \{2(3n-m)\}^2$$

$$= 2^2(3n-m)^2 = 4(3n-m)^2 。$$

〔例 6 〕析 $x^2 + 9y^2 + 4z^2 - 6xy + 4xz - 12yz$ 的因式。

这种式子是不能直接分析它的因式的。因为头两项都是完全平方数，我们无妨试找一项来同它们配成一个二次三项的完全平方式看一看。这种方法也是常常用到的。

$$x^2 + 9y^2 + 4z^2 - 6xy + 4xz - 12yz$$

$$= (x^2 - 6xy + 9y^2) + (4xz - 12yz) + 4z^2$$

$$= (x-3y)^2 + 4(x-3y)z + 4z^2$$

$$= (x-3y)^2 + 2(x-3y)(2z) + (2z)^2$$

$$= (x-3y+2z)^2 。$$

27.【较一般的二次三项式 $x^2 + px + q$ 的因式】 由乘法，

$$(x+a)(x+b) = x^2 + (a+b)x + ab \cdots\cdots(1) ；$$

$$(x-a)(x-b)=x^2-(a+b)x+ab\cdots\cdots(2)；$$

$$(x+a)(x-b)=x^2+(a-b)x-ab\cdots\cdots(3)。$$

　　三个式子左边都是两个一次二项式相乘。两个因式第一项的积就是右边的第一项。两个因式第二项的积就是右边的第三项。两个因式的第一项和第二项交互相乘所得的积的和就是右边的第二项，把这个关系，即如（3）用图表示如下，更可看得明白。

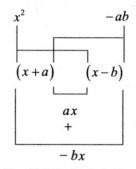

　　把这个关系反过来想一想，就可以得出分析二次三项式 x^2+px+q 的因式的法则。

　　〔例1〕析 x^2+3x+2 的因式。

　　由上面的（1）式，因这个式子的第二项和第三项都是正的，所以它的两个因式应当是这样的形式 $(x+\ \ )(x+\ \ )$。

　　把第三项的 2 析成两个因数 2 和 1，它们的和 $2+1=3$ 正好是第二项的系数。

　　$\therefore\ \ x^2+3x+2=(x+2)(x+1)$。

　　〔例2〕析 $x^2-7xy+10y^2$ 的因式。

　　由上面的（2）式，因这个式子的第三项是正的而第二项是负的，所以它的两个因式应当是这样的形式 $(x-\ \ )(x-\ \ )$。

把第三项的$10y^2$析成两个因式，可以是$-y$和$-10y$或$-2y$和$-5y$。但$(-y)+(-10y)=-11y$不等于第二项的x的系数。$(-2y)+(-5y)=-7y$正等于第二项的x的系数。

$$\therefore\quad x^2-7xy+10y^2=x^2-(2y+5y)x+(2y)(5y)$$
$$=(x-2y)(x-5y)。$$

〔例3〕析a^2+5a-6的因式。

由上面的（3）式，因第三项是负的，所以它的两个因式应当是这样的形式$(x+\quad)(x-\quad)$。

把第三项的-6分成两个因数，可以是-2和$+3$，$+2$和-3，$+1$和-6或-1和$+6$。但只有$(+6)+(-1)=+5$。

$a^2+5a-6=(a+6)(a-1)$。

〔例4〕析$y^2-4xy-12x^2$的因式。

和例3一样，这个式子的因式应当是$(y+\quad)(y-\quad)$的形式。

把第三项的$-12x^2$析成两个因式，可以有下面的六对：

$$-x,\ +12x;\ +x,\ -12x;\ -2x,\ +6x;$$
$$+2x,\ -6x;\ -3x,\ +4x;\ +3x,\ -4x。$$

它们中间只有$(+2x)+(-6x)=-4x$合于第二项y的系数。

$$\therefore\quad y^2-4xy-12x^2=(y+2x)(y-6x)。$$

28.【一般的二次三项式ax^2+bx+c的因式】　由乘法，

$$(ax+b)(cx+d)=acx^2+(ad+bc)x+bd。$$

反过来看，就是：

$$acx^2+(ad+bc)x+bd=(ax+b)(cx+d)。$$

若是把上式写成下面的形状，更可以看出两个因式和原来的二次三项式的关系来：

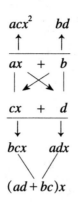

第一，二次三项式的第一项等于它的两个因式的第一项的积。所以在析因式的时候，就得把它的第一项分成两个独项因式，ax 和 cx。

第二，二次三项式的第三项等于它的两个因式的第二项的积。所以在析因式的时候，就得把它的第三项分成两个因数或独项因式。

第三，但是，第一和第二所析成的独项因式，一般地总不只一种分法。结果必须要所得到的两个一次因式的第一项和第二项交互的乘积的和等于二次三项式的第二项。

〔例 1 〕析 $4x^2 + 4x - 15$ 的因式。

第一项析成独项因式有两种：$4x$，x 和 $2x$，$2x$。

第三项析成两个因数，因为它是负的，只能一个正一个负；就有四种：-15，$+1$；$+15$，-1；-5，$+3$ 和 $+5$，-3。

把第一项和第三项的各种分法结合起来便有 12 种，先看下面的 8 种：

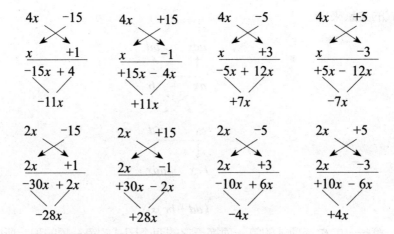

结果，8 种当中只有末了一种是对的。

$$\therefore \quad 4x^2 + 4x - 15 = (2x+5)(2x-3)。$$

若把前 4 种中的第二项上下掉换一下，还可以得出 4 种结合法来，但都是不对的。

〔例 2 〕析 $6x^2 + 13x + 6$ 的因式。

第一项可析成 $6x$，x 和 $3x$，$2x$ 两种独项因式。

第三项是正的，析成的两个因数应当同符号或正或负。但第二项是正的，所以只能都是正的，6，1 和 3，2 两种。

把它们结合起来，便有下面的八种：

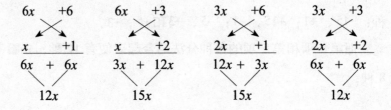

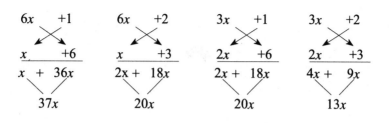

结果，只有末了一种是对的。

$$\therefore \quad 6x^2 + 13x + 6 = (3x+2)(2x+3)。$$

一般的情形，第一项和第三项析成两个独项因式或因数总不止两种，所以结合起来的种数相当地多，若要一个一个地去试非常繁复。但也没一定的方法可以弄得简捷些。实际上只是靠"熟能生巧"的"巧"了。

九

二项式的因式

29.【二次二项式 $a^2 - b^2$ 的因式】 由乘法，

$$(a-b)(a+b) = a^2 - b^2 。$$

反过来，就是：

$$a^2 - b^2 = (a-b)(a+b) 。$$

这个式子很简单，这就是：

两个式子的平方的差，等于它们的差同着它们的和相乘的积。

〔例 1〕析 $x^2 - 4$ 的因式。

$$x^2 - 4 = x^2 - 2^2 = (x-2)(x+2) 。$$

〔例 2〕析 $9a^4b^2 - 16$ 的因式。

$$9a^4b^2 - 16 = (3a^2b)^2 - 4^2 = (3a^2b - 4)(3a^2b + 4) 。$$

〔例 3 〕析 $9x^4y^2 - 64p^2q^6$ 的因式。

$$9x^4y^2 - 64p^2q^6 = \left(3x^2y\right)^2 - \left(8pq^3\right)^2$$
$$= \left(3x^2y - 8pq^3\right)\left(3x^2y + 8pq^3\right)。$$

〔例 4 〕析 $x^4 - y^4$ 和 $x^8 - y^8$ 的因式。

$$x^4 - y^4 = \left(x^2\right)^2 - \left(y^2\right)^2 = \left(x^2 - y^2\right)\left(x^2 + y^2\right)$$
$$= (x - y)(x + y)\left(x^2 + y^2\right)。$$

$$x^8 - y^8 = \left(x^4\right)^2 - \left(y^4\right)^2 = \left(x^4 - y^4\right)\left(x^4 + y^4\right)$$
$$= (x - y)(x + y)\left(x^2 + y^2\right)\left(x^4 + y^4\right)。$$

$x^2 + y^2$ 是不能再把它析因式的。至于 $x^4 + y^4$ 那就要看条件了，假如许可系数有无理数的话，它还可以析因式。

$$x^4 + y^4 = x^4 + 2x^2y^2 + y^4 - 2x^2y^2$$
$$= \left(x^2 + y^2\right)^2 - \left(\sqrt{2}xy\right)^2$$
$$= \left(x^2 - \sqrt{2}xy + y^2\right)\left(x^2 + \sqrt{2}xy + y^2\right)。$$

这样一来，则

$$x^8 - y^8 = (x - y)(x + y)\left(x^2 + y^2\right)\left(x^2 - \sqrt{2}xy + y^2\right)\left(x^2 + \sqrt{2}xy + y^2\right)。$$

〔例 5 〕析 $4a^2 - b^2 + c^2 - 9d^2 + 4ac + 6bd$ 的因式。

这个式子直接用前面的公式就不能把它的因式析出来；但若把它的各项掉换一下，并且分成两组就可以分析了。

$$4a^2 - b^2 + c^2 - 9d^2 + 4ac + 6bd$$

$$= \left(4a^2 + 4ac + c^2\right) - \left(b^2 - 6bd + 9d^2\right)$$

$$= \left\{(2a)^2 + 2(2a)\cdot c + c^2\right\} - \left\{b^2 - 2b\cdot(3d) + (3d)^2\right\}$$

$$= (2a + c)^2 - (b - 3d)^2$$

$$= \left\{(2a + c) - (b - 3d)\right\}\left\{(2a + c) + (b - 3d)\right\}$$

$$= (2a + c - b + 3d)(2a + c + b - 3d)$$

$$= (2a - b + c + 3d)(2a + b + c - 3d)。$$

〔例 6 〕析 $x^4 - 7x^2 y^2 + 81y^4$ 的因式。

这个式子若是作为 x^2 和 y^2 的二次三项式 $(x^2)^2 - 7(x^2)(y^2) + 81(y^2)^2$ 看也是很难析因式的。但是我们如果设法把它变成 x^2 和 y^2 的完全平方式就很容易了。

$$x^4 - 7x^2 y^2 + 81y^4 = x^4 + 18x^2 y^2 + 81y^4 - 7x^2 y^2 - 18x^2 y^2$$

$$= \left\{(x^2)^2 + 2(x^2)(9y^2) + (9y^2)^2\right\} - 25x^2 y^2$$

$$= (x^2 + 9y^2)^2 - (5xy)^2$$

$$= (x^2 - 5xy + 9y^2)(x^2 + 5xy + 9y^2)。$$

30.【二次三项式的配方析因式法】 对于一般的二次三项式

$ax^2 + bx + c$ ，用配平方和前节的方法总可以把它的两个因式析出来，先看下面的例。

$$6x^2 - 7x - 3 = 6\left(x^2 - \frac{7}{6}x - \frac{1}{2}\right)。$$

这是把 x^2 的系数作为各项的共同因数析出来。

但
$$x^2 - \frac{7}{6}x = x^2 - \frac{7}{6}x + \left(\frac{7}{12}\right)^2 - \left(\frac{7}{12}\right)^2$$

$$= \left(x - \frac{7}{12}\right)^2 - \frac{49}{144}。$$

这是把括号内的第一、二两项配成完全平方式，就是加上 x 的系数的一半 $\left(\dfrac{7}{12}\right)$ 的平方 $\left(\dfrac{7}{12}\right)^2$，同时又把它减掉，使得原式的值不改变，这样一来便得

$$
\begin{aligned}
6x^2 - 7x - 3 &= 6\left(x^2 - \frac{7}{6}x - \frac{1}{2}\right) \\
&= 6\left\{x^2 - \frac{7}{6}x + \left(\frac{7}{12}\right)^2 - \left(\frac{7}{12}\right)^2 - \frac{1}{2}\right\} \\
&= 6\left\{\left(x - \frac{7}{12}\right)^2 - \frac{121}{144}\right\} \\
&= 6\left\{\left(x - \frac{7}{12}\right)^2 - \left(\frac{11}{12}\right)^2\right\} \\
&= 6\left(x - \frac{7}{12} - \frac{11}{12}\right)\left(x - \frac{7}{12} + \frac{11}{12}\right) \\
&= 6\left(x - \frac{3}{2}\right)\left(x + \frac{1}{3}\right) \\
&= 2\left(x - \frac{3}{2}\right)3\left(x + \frac{1}{3}\right) \\
&= (2x - 3)(3x + 1)。
\end{aligned}
$$

末了是把原来析出来的因数 6 分成两个因数 2 和 3 分别乘到括号里面去把分数消掉。但有时也不一完就可以把括号里面的分数消掉。

依照这个例的步骤，我们来析 $ax^2 + bx + c$ 的因式。

（1）把 x^2 的系数 a 作为各项的共同因数析出来。

$$
ax^2 + bx + c = a\left(x^2 + \frac{b}{a}x + \frac{c}{a}\right)。
$$

（2）把括号里第一、二两项加上 x 的系数 $\dfrac{b}{a}$ 的一半 $\dfrac{b}{2a}$ 的平方 $\dfrac{b^2}{4a^2}$，同时又把它减掉，

$$ax^2 + bx + c = a\left(x^2 + \frac{b}{a}x + \frac{b^2}{4a^2} - \frac{b^2}{4a^2} + \frac{c}{a}\right)$$

$$= a\left\{\left(x + \frac{b}{2a}\right)^2 - \frac{b^2 - 4ac}{4a^2}\right\}$$

$$= a\left\{\left(x + \frac{b}{2a}\right)^2 - \left(\frac{\sqrt{b^2 - 4ac}}{2a}\right)^2\right\}$$

$$= a\left(x + \frac{b}{2a} - \frac{\sqrt{b^2 - 4ac}}{2a}\right)\left(x + \frac{b}{2a} + \frac{\sqrt{b^2 - 4ac}}{2a}\right)$$

$$= a\left(x + \frac{b - \sqrt{b^2 - 4ac}}{2a}\right)\left(x + \frac{b + \sqrt{b^2 - 4ac}}{2a}\right)。$$

这个结果，简直成了将一般二次三项式析因式的公式。

〔例 1 〕析 $6x^2 + 5x - 4$ 的因式。

这里 $a = 6$ ， $b = 5$ ， $c = -4$ 。

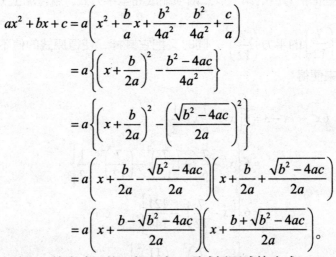

$$\therefore\ 6x^2 + 5x - 4 = 6\left(x + \frac{5 - \sqrt{5^2 - 4 \times 6 \times (-4)}}{2 \times 6}\right)\left(x + \frac{5 + \sqrt{5^2 - 4 \times 6 \times (-4)}}{2 \times 6}\right)$$

$$= 6\left(x + \frac{5 - \sqrt{121}}{12}\right)\left(x + \frac{5 + \sqrt{121}}{12}\right)$$

$$= 6\left(x + \frac{5 - 11}{12}\right)\left(x + \frac{5 + 11}{12}\right)$$

$$= 6\left(x - \frac{1}{2}\right)\left(x + \frac{4}{3}\right)$$

$$= 2\left(x - \frac{1}{2}\right)3\left(x + \frac{4}{3}\right)$$

$$= (2x - 1)(3x + 4)。$$

〔例 2 〕析 $2x^2 - 4x + 1$ 的因式。

这里 $a = 2$ ， $b = -4$ ， $c = 1$ 。

$$\therefore 2x^2 - 4x + 1 = 2\left(x + \frac{-4 - \sqrt{(-4)^2 - 4 \times 2 \times 1}}{2 \times 2}\right)\left(x + \frac{-4 + \sqrt{(-4)^2 - 4 \times 2 \times 1}}{2 \times 2}\right)$$

$$= 2\left(x + \frac{-4 - \sqrt{8}}{4}\right)\left(x + \frac{-4 + \sqrt{8}}{4}\right)$$

$$= 2\left(x - \frac{4 + 2\sqrt{2}}{4}\right)\left(x - \frac{4 - 2\sqrt{2}}{4}\right)$$

$$= 2\left(x - \frac{2 + \sqrt{2}}{2}\right)\left(x - \frac{2 - \sqrt{2}}{2}\right)。$$

31.【三次二项式的因式】 由乘法，

$$(a+b)(a^2 - ab + b^2) = a^3 + b^3 ,$$

$$(a-b)(a^2 + ab + b^2) = a^3 - b^3 。$$

反过来，就是：

$$a^3 + b^3 = (a+b)(a^2 - ab + b^2) ,$$

$$a^3 - b^3 = (a-b)(a^2 + ab + b^2) 。$$

这两个式子形式都很整齐，最重要的是记住其中负号的位置。

〔例 1 〕析 $8x^3 - 27y^3$ 的因式。

$$8x^3 - 27y^3 = (2x)^3 - (3y)^3$$

$$= (2x - 3y)\{(2x)^2 + (2x)(3y) + (3y)^2\}$$

$$= (2x - 3y)(4x^2 + 6xy + 9y^2) 。$$

〔例 2 〕析 $64a^3 + 1$ 的因式。

$$64a^3 + 1 = (4a)^3 + 1^3$$

$$= (4a + 1)\{(4a)^2 - (4a) \cdot 1 + 1^2\}$$

$$= (4a + 1)(16a^2 - 4a + 1) 。$$

〔例 3 〕析 $343a^6 - 27b^3$ 的因式。

$$343a^6 - 27b^3 = \left(7a^2\right)^3 - \left(3b\right)^3$$
$$= \left(7a^2 - 3b\right)\left\{\left(7a^2\right)^2 + \left(7a^2\right)\left(3b\right) + \left(3b\right)^2\right\}$$
$$= \left(7a^2 - 3b\right)\left(49a^4 + 21a^2b + 9b^2\right)。$$

〔例 4 〕析 $x^6 - y^6$ 的因式。

$$x^6 - y^6 = \left(x^3\right)^2 - \left(y^3\right)^2$$
$$= \left(x^3 - y^3\right)\left(x^3 + y^3\right)$$
$$= \left(x - y\right)\left(x^2 + xy + y^2\right)\left(x + y\right)\left(x^2 - xy + y^2\right)$$
$$= \left(x - y\right)\left(x + y\right)\left(x^2 - xy + y^2\right)\left(x^2 + xy + y^2\right)。$$

〔例 5 〕析 $x^3p^2 - 8y^3p^2 - 4x^3q^2 + 32y^3q^2$ 的因式。

$$x^3p^2 - 8y^3p^2 - 4x^3q^2 + 32y^3q^2$$
$$= p^2\left(x^3 - 8y^3\right) - 4q^2\left(x^3 - 8y^3\right)$$
$$= \left(p^2 - 4q^2\right)\left(x^3 - 8y^3\right)$$
$$= \left\{p^2 - (2q)^2\right\}\left\{x^3 - (2y)^3\right\}$$
$$= \left(p - 2q\right)\left(p + 2q\right)\left(x - 2y\right)\left(x^2 + 2xy + 4y^2\right)。$$

十

两个重要的多项式的因式

32.【三次式 $a^3 + b^3 + c^3 - 3abc$ 的因式】 由乘法，

$$(a+b+c)(a^2+b^2+c^2-ab-bc-ca)$$

$$= a(a^2+b^2+c^2-ab-bc-ca) + b(a^2+b^2+c^2-ab-bc-ca) +$$

$$\quad c(a^2+b^2+c^2-ab-bc-ca)$$

$$= a^3 + ab^2 + ac^2 - a^2b - abc - ca^2 + a^2b + b^3 + bc^2 - ab^2 - b^2c - abc$$

$$\quad + ca^2 + b^2c + c^3 - abc - bc^2 - c^2a$$

$$= a^3 + b^3 + c^3 - 3abc.$$

反过来，就是：

$$a^3 + b^3 + c^3 - 3abc = (a+b+c)(a^2+b^2+c^2-ab-bc-ca) \text{。}$$

这个式子左边是 a，b，c 的三次四项齐次式，右边一个是它们的一次齐次式和一个二次齐次式。

由这个式子还可推出：

若 $a+b+c=0$ ，则

$$a^3+b^3+c^3-3abc=(a+b+c)\left(a^2+b^2+c^2-ab-bc-ca\right)=0 \text{ 。}$$

$\therefore \quad a^3+b^3+c^3=3abc \text{ 。}$

例如 $a=4$ ， $b=-6$ ， $c=2$ 则 $a+b+c=0$ 。

而 $a^3+b^3+c^3=4^3+(-6)^3+2^3=64-216+8$

$$=-144=3 \cdot 4 \cdot (-6) \cdot 2 \text{ 。}$$

〔例 1 〕析 $x^3-y^3+z^3+3xyz$ 的因式。

$$x^3-y^3+z^3+3xyz$$
$$=x^3+(-y)^3+z^3-3x(-y)z$$
$$=(x-y+z)\left(x^2+y^2+z^2+xy+yz-zx\right) \text{ 。}$$

〔例 2 〕析 $x^3-8y^3-27-18xy$ 的因式。

$$x^3-8y^3-27-18xy$$
$$=x^3+(-2y)^3+(-3)^3-3x(-2y)(-3)$$
$$=(x-2y-3)\left(x^2+4y^2+9+2xy-6y+3x\right) \text{ 。}$$

33.【四次三项式 $a^4+a^2b^2+b^4$ 的因式】

$$a^4+a^2b^2+b^4=a^4+2a^2b^2+b^4-a^2b^2$$
$$=\left(a^2+b^2\right)^2-(ab)^2$$
$$=\left(a^2-ab+b^2\right)\left(a^2+ab+b^2\right) \text{ 。}$$

〔例〕析 x^4+x^2+1 的因式。

$$x^4+x^2+1=x^4+x^2 \cdot 1^2+1^4=\left(x^2-x+1\right)\left(x^2+x+1\right) \text{ 。}$$

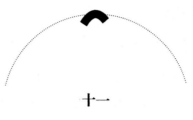

十一

n 次多项式的因式

34. x 的 n 次多项式可以化成这样的形式：

$$f(x) = a_0 x^n + a_1 x^{n-1} + a_2 x^{n-2} + \cdots\cdots + a_{n-1} x + a_n。$$

35. 【余数定理】 用 $x-b$ 除 x 的 n 次多项式 $f(x)$ 的余数等于 $f(b)$。

设 $x-b$ 除 $f(x)$ 的商是 $\phi(x)$ 和余数是 R ，依照除法的定义，

则 $$f(x) = \phi(x)(x-b) + R。$$

这是一个恒等式，就是无论 x 的值怎样，它都成立的。若 x 等于 b ，则

$$f(b) = \phi(b)(b-b) + R = R。$$

这就证明了本定理。

上面的式子中，若 $R=0$ ，即 $f(b)=0$ ，则

$$f(x) = \phi(x)(x-b)。$$

这就是说：

x 的 n 次多项式 $f(x)$，若 $f(b)=0$，则它有一个因式 $(x-b)$。这个定理对于析因式非常重要。

36.【综合除法】　若 $f(b)=a_0x^n+a_1x^{n-1}+a_2x^{n-2}+\cdots\cdots+a_{n-1}x+a_n$，则 $f(b)=a_0b^n+a_1b^{n-1}+a_2b^{n-2}+\cdots\cdots+a_{n-1}b+a_n$。要由这样实行计算来看 $f(b)$ 是不是等于零，而决定 $(x-b)$ 是不是 $f(x)$ 的一个因式；这是相当繁难的。并且若判定了 $(x-b)$ 是 $f(x)$ 的一个因式，还要找出另外一个因式来，一般的场合也是相当繁的。所以我们最好用综合除法。

〔例 1 〕析 $f(x)=x^3-5x+4$ 的因式。

因 $f(x)$ 的最高次项 x^3 的系数是 1，若它有 $x-b$ 这样形式的因式，b 只能是绝对项的因数 ± 1，± 2，± 4 当中的一个。

我们用 +1 去试，$f(+1)=(+1)^3-5(+1)+4=0$。

这就判定 $f(x)$ 有一个因式是 $(x-1)$。

在这里我们可以这样做：

$$
\begin{aligned}
f(x)=x^3-5x+4 &= x^3-x^2+x^2-x-4x+4 \\
&= x^2(x-1)+x(x-1)-4(x-1) \\
&= (x-1)(x^2+x-4)。
\end{aligned}
$$

若用综合除法做，那就是这样：

$$
\begin{array}{r}
1+0-5+4\underline{1} \\
\underline{+1+1-4} \\
1+1-4\quad 0
\end{array}
$$

最后一项余的是 0，这就说 $f(b)=0$，而各项的余数，便是 $x-1$ 除 $f(x)$ 的商各项的系数。

$\therefore\quad f(x)=(x-1)(x^2+x-4)$。

〔例 2 〕析 $f(x)=3x^5-3x^4-13x^3-11x^2-10x-6$ 的因式。

若 $f(x)$ 有 $(x-b)$ 这样形式的因式，b 必定是 -6 的因数 ±1，±2，±4，±6 中的一个，$f(1) \neq 0$，这是一看就可以知道的，所以先将 -1 来试。

$$
\begin{array}{r}
3-3-13-11-10-6\underline{-1} \\
-3+6+7+4+6 \\
\hline
3-6-7-4-6 \quad 0
\end{array}
$$

由此知道 $x-(-1)=x+1$ 是一个因式，再用 -1 去试。

$$
\begin{array}{r}
3-6-7-4-6\underline{-1} \\
-3+9-2+6 \\
\hline
3-9+2-6 \quad 0
\end{array}
$$

由此知道还有一个因式是 $x+1$，再用 $+3$ 去试。

$$
\begin{array}{r}
3-9+2-6\underline{3} \\
+9+0+6 \\
\hline
3+0+2 \quad 0
\end{array}
$$

由此知道有一个因式是 $x-3$。上面三式我们可以连起来写：

$$
\begin{array}{r}
3-3-13-11-10-6\underline{-1} \\
-3+6+7+4+6 \\
\hline
3-6-7-4-6 \quad 0\underline{-1} \\
-3+9-2+6 \\
\hline
3-9+2-6 \quad 0\underline{3} \\
+9+0+6 \\
\hline
3+0+2 \quad 0
\end{array}
$$

$$\therefore \quad f(x)=(x+1)(x+1)(x-3)(3x^2+2)$$
$$=(x-3)(x+1)^2(3x^2+2)。$$

〔例 3〕析 $f(x)=6x^4+5x^3+3x^2-3x-2$ 的因式。

因为这个式子的最高次项的系数不是 1，它可能有 $(ax-b)$ 这种样子的因式。但若有这样的因式，a 只能是 6 的因数 ±1，±2，±3，

±6 中的一个，而 b 只能是 2 的因数 ±1，±2 中的一个。所以 $\dfrac{b}{a}$ 只能是

$\dfrac{\pm1}{\pm1}=\pm1$，$\dfrac{\pm2}{\pm2}=\pm2$，$\dfrac{\pm1}{\pm2}=\pm\dfrac{1}{2}$，$\left(\dfrac{\pm2}{\pm2}=\pm1\right)$（这是重的），$\dfrac{\pm1}{\pm3}=\pm\dfrac{1}{3}$，

$\dfrac{\pm2}{\pm3}=\pm\dfrac{2}{3}$，$\dfrac{\pm1}{\pm6}=\pm\dfrac{1}{6}$，$\left(\dfrac{\pm2}{\pm6}=\pm\dfrac{1}{3}\right)$（这是重的）中的一个。用 $-\dfrac{1}{2}$ 去试。

$$
\begin{array}{r}
6+5+3-3-2\ \Big|\ -\dfrac{1}{2}\\[2mm]
\underline{-3-1-1+2}\\[1mm]
6+2+2-4\quad 0
\end{array}
$$

由此可知 $x+\dfrac{1}{2}$ 可以除尽 $f(x)$，所以有一个因式是 $2x+1$，而另外

一个因式是 $\left(6x^3+2x^2+2x-4\right)\times\dfrac{1}{2}=3x^3+x^2+x-2$。用 $\dfrac{2}{3}$ 去试。

$$
\begin{array}{r}
3+1+1-2\ \Big|\ \dfrac{2}{3}\\[2mm]
\underline{+2+2+2}\\[1mm]
3+3+3\quad 0
\end{array}
$$

又知有一个因式是 $3x-2$，而另外一个因式是 $\left(3x^2+3x+3\right)\times\dfrac{1}{3}=$

x^2+x+1。上面二式我们可以连起来写：

$$
\begin{array}{r}
6+5+3-3-2\ \Big|\ -\dfrac{1}{2}\\[2mm]
\underline{-3-1-\ 1+2}\\[1mm]
6+2+2-4\quad 0\\[1mm]
3+1+\ 1-2\ \Big|\ \dfrac{2}{3}\\[2mm]
\underline{+2+2+2}\\[1mm]
3+3+3\quad 0\\[1mm]
1+\ 1+1
\end{array}
$$

$\therefore\ f(x)=(2x+1)(3x-2)\left(x^2+x+1\right)$。

十二
对称式和交代式的因式

37.【对称式】 如 $a+b$, $a^2+2ab+b^2$, $a^3+3a^2b+3ab^2+b^3$ ……
这些含有两个字母的式子，把它所含的字母如 a 和 b 互相交换，它还是
不改变。这种式子就叫作对于这两个字母的对称式。

一般地，如 $a+b+c$, $3a^2+3b^2+3c^2+5ab+5bc+5ca$, a^3+b^3+
c^3-abc ……这些式子，无论把哪两个字母互相交换它还是不改变，这
种式子就叫作对于它所含的各个字母，如 a , b , c 的对称式。

38.【交代式】 如 $a-b$, a^2-b^2 , a^3-b^3 …… $(b-c)(c-a)$
$(a-b)$ ……这些式子，若把两个字母互相交换则分别成为 $b-a=-$
$(a-b)$, $b^2-a^2=-(a^2-b^2)$, $b^3-a^3=-(a^3-b^3)$ …… $(a-c)(c-b)$
$(b-a)=-(b-c)(c-a)(a-b)$ ……都只改变一个正负号。这种式子叫作
对于这些字母，如 a 和 b 或 a , b 和 c 的交代式。

39.【轮换对称式】 如 $a+b+c$ ， $ab+bc+ca$ ， $a^2b+a^2c+b^2a+b^2c+c^2a+c^2b$ ……这些式子，轮流地同时把 a 换成 b ， b 换成 c ， c 换成 a ，它还是不改变。这种式子就叫作对于这些字母，如 a ， b 和 c 的轮换对称式。

40.【三种式子的相互关系】

（1）对称式都是轮换对称式，因为 a 和 b ， b 和 c 以及 c 和 a 分别互相交换它都不变，则同时将 a 换成 b ， b 换成 c 和 c 换成 a ，自然它也不会变。

（2）对称式和对称式的相乘积还是对称式。因为在两个因式中分别把两个字母同时互相交换，它们都不变，所以它们的相乘积也就不会变。

（3）交代式和交代式的相乘积是对称式。因为在两个因式中分别把两个字母同时互相交换，它们同时都变了符号。但两个因式同时变号，它们的相乘积的符号并不会改变。

（4）对称式和交代式的相乘积是交代式。因为在两个因式中，分别把两个字母互相交换，对称式的符号不变而交代式的却变了。两个因式只有一个变符号，它们的相乘积也就跟着改变符号。

例如： $(a+b)(a^2-ab+b^2)=a^3+b^3$

对称式　对称式　　对称式

$(a-b)(a^2-b^2)=(a-b)^2(a+b)$

交代式　交代式　对称式

$(a+b)(a-b)=a^2-b^2$

对称式　交代式　交代式

我们要注意：（2），（3），（4）对于两个式子相除所得的商的关系也是一样的。

41. 两个字母 a，b 的齐次对称式的一般的形式是：

一次：$L(a+b)$，

二次：$L(a^2+b^2)+Mab$，

三次：$L(a^3+b^3)+Mab(a+b)$，

……………………

三个字母 a，b，c 的齐次对称式的一般的形式是：

一次：$L(a+b+c)$，

二次：$L(a^2+b^2+c^2)+M(bc+ca+ab)$，

三次：$L(a^3+b^3+c^3)+M\left[a^2(b+c)+b^2(c+a)+c^2(a+b)\right]+Nabc$，

……………………

上面各式中的 L，M，N 都是不含 a，b，c 的。

42. 【析对称式和交代式的因式】

〔例1〕析 $x^3(y-z)+y^3(z-x)+z^3(x-y)$ 的因式。

这个式子是 x，y，z 的四次齐次轮换对称式。

设 $y=z$，则 $x^3(y-z)+y^3(z-x)+z^3(x-y)$
$$=x^3(z-z)+z^3(z-x)+z^3(x-z)=0。$$

所以 $y-z$ 是它的一个因式，因此 $z-x$ 和 $x-y$ 各自也是它的一个因式。而 $(y-z)(z-x)(x-y)$ 是它的因式。但这只是三次齐次轮换式。所以它还有一个一次齐次轮换式的因式，设为 $L(x+y+z)$，则

$$x^3(y-z)+y^3(z-x)+z^3(x-y)$$
$$=(y-z)(z-x)(x-y)L(x+y+z)。$$

现在我们来决定　，它是不含 x，y，z，的。对于这，我们有两种方法：

（1）任设三个数分别去代 x，y，z，如　，$y=1$，$z=0$，则得

$$2^3(1-0)+1^3(0-2)+0^3(2-1)$$
$$=(1-0)(0-2)(2-1)L(2+1+0)。$$

即　　　　$6=-6L$，　　$\therefore L=-1$。

（2）比较两边同类项的系数，如 x^3y 的系数。在左边的是 1（展开后的第一项），在右边的是 $-L$，所以 $L=-1$。

$$x^3(y-z)+y^3(z-x)+z^3(x-y)$$
$$=-(y-z)(z-x)(x-y)(x+y+z)$$

〔例2〕析 $(x+y+z)^5-x^5-y^5-z^5$ 的因式。

这个式子是 x，y，z 的五次齐次对称式，

设 $x=-y$，则

$$(x+y+z)^5-x^5-y^5-z^2$$
$$=(-y+y+z)^5-(-y)^5-y^5-z^5$$
$$=z^5+y^5-y^5-z^5=0。$$

所以 $x+y$ 是它的一个因式，因此 $y+z$ 和 $z+x$ 也各自是它的一个因式，而 $(x+y)(y+z)(z+x)$ 是它的因式。但这只是三次齐次对称式。所以它还有一个二次齐次对称式的因式，设为

$L(x^2+y^2+z^2)+M(yz+zx+xy)$，则

$$(x+y+z)^5-x^5-y^5-z^5=(x+y)(y+z)(z+x)$$
$$\left[L(x^2+y^2+z^2)+M(yz+zx+xy)\right]。$$

设 $x=1$，$y=1$，$z=0$，得 $15=2L+M$。

设 $x=2$，$y=1$，$z=0$，得 $35=5L+2M$。

解这个联立方程式得 $L=5$, $M=5$ 。

$$\therefore \ (x+y+z)^5 - x^5 - y^5 - z^5 = 5(x+y)(y+z)(z+x)$$
$$(x^2 + y^2 + z^2 + yz + zx + xy)。$$

〔例 3 〕 析 $(x+y+z)^3 - (y+z-x)^3 - (z+x-y)^3 - (x+y-z)^3$ 的因式。

设 $x=0$ ，则

$$(x+y+z)^3 - (y+z-x)^3 - (z+x-y)^3 - (x+y-z)^3$$
$$= (y+z)^3 - (y+z)^3 - (z-y)^3 - (y-z)^3 = 0。$$

所以 x 是它的一个因式，因此 y 和 z 各自也是它的一个因式。而 xyz 是它的因式。但这是三次式，原式也只是三次式，所以只能有常数因数了，设为 k ，则

$$(x+y+z)^3 - (y+z-x)^3 - (z+x-y)^3 - (x+y-z)^3 = kxyz。$$

设 $x=1$, $y=1$, $z=1$ ，则得

$$3^3 - 1^3 - 1^3 - 1^3 = k ， \quad \therefore \ k=24。$$

$$(x+y+z)^3 - (y+z-x)^3 - (z+x-y)^3 - (x+y-z)^3 = 24xyz。$$

43.【 $a^n + b^n$ 的因式】 这是一个 a 和 b 的 n 次齐次对称式。n 是正整数，若 $a=b$ ，则 $a^n + b^n = b^n + b^n = 2b^n$ 。所以除了 $b=0$ ，它是不会等于零的。这就是说 $a^n + b^n$ 无论 n 是什么正整数，都没有 $a-b$ 这样的因式。

设 $a=-b$ ，则 $a^n + b^n = (-b)^n + b^n$ 。若 $(-b)^n = -b^n$ ，这个结果就等于零。但只有 n 是奇数，$(-b)^n = -b^n$ 。这就是说，只有 n 是奇数的时候，它才有 $a+b$ 这样的因式。例如:

$$a+b=(a+b)\times 1,$$

$$a^3+b^3=(a+b)\left(a^2-ab+b^2\right),$$

$$a^5+b^5=(a+b)\left(a^4-a^3b+a^2b^2-ab^3+b^4\right),$$

$$a^7+b^7=(a+b)\left(a^6-a^5b+a^4b^2-a^3b^3+a^2b^4-ab^5+b^6\right),$$

....

第二个因式也是 a 和 b 的齐次对称式，比原式少一次，并且各项的系数是 $+1$ 和 -1 相间的。

44.【 a^n-b^n 的因式】 这是一个 a 和 b 的 n 次齐次交代式。若 $a=b$，则 $a^n-b^n=b^n-b^n=0$。这就是说，无论 n 是奇数或偶数，它总有一个 $a-b$ 这样的因式。例如：

$$a-b=(a-b)\times 1,$$

$$a^2-b^2=(a-b)(a+b),$$

$$a^3-b^3=(a-b)\left(a^2+ab+b^2\right),$$

$$a^4-b^4=(a-b)(a+b)\left(a^2+b^2\right),$$

$$a^5-b^5=(a-b)\left(a^4+a^3b+a^2b^2+ab^3+b^4\right),$$

$$a^6-b^6=(a-b)(a+b)\left(a^2-ab+b^2\right)\left(a^2+ab+b^2\right),$$

$$a^7-b^7=(a-b)\left(a^6+a^5b+a^4b^2+a^3b^3+a^2b^4+ab^5+b^6\right),$$

....

这样，还可以看出来，n 是奇数的时候，只有 $a-b$ 这样的一个一次因式，而它是一个交代式。第二个因式，也是 a 和 b 的齐次对称式，并且比原式少一次。

n 若是偶数，则 $a^n-b^n=(-b)^n-b^n=b^n-b^n=0$，所以还有 $a+b$ 这样的一个因式。至于其他的因式，就要看 n 的另外的条件了。

设 $n = 2m$，则

$$a^n - b^n = a^{2m} - b^{2m} = \left(a^2\right)^m - \left(b^2\right)^m$$

$$= \left(a^2 - b^2\right)\left[\left(a^2\right)^{m-1} + \left(a^2\right)^{m-2}\left(b^2\right) + \cdots\cdots + \left(a^2\right)\left(b^2\right)^{m-2} + \left(b^2\right)^{m-1}\right]$$

$$= (a - b)(a + b)\left[\left(a^2\right)^{m-1} + \cdots\cdots + \left(b^2\right)^{m-1}\right]。$$

十三

最高公因式和最低公倍式

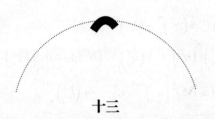

45.【公因式和最高公因式】 几个式子共通的因式叫作它们的公因式，如 $6xy^2z$ 的因式是 $2x$，$3x$，$6x$，$2y$，$3y$，$6y$，$2z$，$3z$，$6z$，$2xy$，$3xy$，$6xy$，$2xy^2$，$3xy^2$，$6xy^2$……$2xy^2z$；又如 $8x^2y^3z^2$ 的因式是 $2x$，$4x$，$8x$，$2y$，$4y$，$8y$，$2z$，$4z$，$8z$，$2xy$，$4xy$，$8xy$，$2xy^2$，$4xy^2$，$8xy^2$……$2xy^2z$，$4xy^2z$…… 其中 $2x$，$2y$，$2z$，$2xy$，$2xy^2$……$2xy^2z$，都是两个式子的公因式。

几个式子的公因式中，次数最高的一个叫作它们的最高公因式，$H.C.F.2xy^2z$ 便是 $6xy^2z$ 和 $8x^2y^3z^2$ 的最高公因式。

一个式子的次数虽然高，它的数值不一定就大。如 $2xy^2$ 只是三次式，而 $2xy^2z$ 却是四次式；但在 $x=\dfrac{1}{2}$，$y=\dfrac{1}{4}$，$z=\dfrac{1}{10}$ 的时候，

$2xy^2 = 2 \times \dfrac{1}{2} \times \left(\dfrac{1}{4}\right)^2 = \dfrac{1}{16}$ 而 $2xy^2z = 2 \times \dfrac{1}{2} \times \left(\dfrac{1}{4}\right)^2 \times \dfrac{1}{10} = \dfrac{1}{16} \times \dfrac{1}{10} = \dfrac{1}{160}$，却

比 $\dfrac{1}{16}$ 小。因此，代数中的公因式只能由次数比较取最高的。

46.【求最高公因式法】 代数中求最高公因式的方法同着算术中求最大公约数的方法一样，也有两种。

第一种就是析因式法，先把要求最高公因式的各个式子析成因式的连乘积，次把各个式子公有的因式提出来相乘，就是所求的最高公因式。若同一个因式，在各个式子中的次数不相同，只取次数最低的。

〔例 1〕求 $35a^3b^2c^3$，$42a^3cb^2$ 和 $30a^3b^2c^3$ 的 H.C.F.

$$\because 35a^3b^2c^3 = 5 \cdot 7 a^3 b^2 c^3,$$

$$42a^3cb^2 = 2 \cdot 3 \cdot 7 a^3 b^2 c,$$

和 $\qquad 30a^3b^2c^3 = 2 \cdot 3 \cdot 5 a^3 b^2 c^3 。$

$$\therefore \ H.C.F. = a^3 b^2 c 。$$

〔例 2〕求 $ax^2 + 2a^2x + a^3$，$2ax^2 - 4a^2x - 6a^3$ 和 $3\left(ax + a^2\right)^2$ 的 H.C.F.

$$\because \ ax^2 + 2a^2x + a^3 = a\left(x^2 + 2ax + a^2\right) = a\left(x + a\right)^2$$

$$2ax^2 - 4a^2x - 6a^3 = 2a\left(x^2 - 2ax - 3a^2\right)$$

$$= 2a\left(x + a\right)\left(x - 3a\right),$$

和 $\qquad 3\left(ax + a^2\right)^2 = 3\left[a\left(x + a\right)\right]^2 = 3a^2\left(x + a\right)^2 。$

$$\therefore \ H.C.F. = a\left(x + a\right) 。$$

〔例 3〕求 $x^3 - 1$ 和 $x^4 + x^2 + 1$ 的 H.C.F.

$$\because \ x^3 - 1 = \left(x - 1\right)\left(x^2 + x + 1\right),$$

和 $\qquad x^4 + x^2 + 1 = \left(x^2 - x + 1\right)\left(x^2 + x + 1\right) 。$

$$\therefore \quad H.C.F. = x^2 + x + 1。$$

47. 【第二种也是辗转相除法】　和第 17 节所说的求两个数的最大公约数的方法完全一样，只是用次数低的式子去除次数高的式子罢了，这里我们给它一个证明。

设我们要求 A 和 B 两个式子的 $H.C.F.$，B 的次数不高于 A 的次数。辗转相除的过程如下：

$$B \overline{)A} \quad (Q_1$$
$$\underline{BQ_1}$$
$$R_1 \overline{)B} \quad (Q_2$$
$$\underline{R_1Q_2}$$
$$R_2 \overline{)R_1} \quad (Q_3$$
$$\underline{R_2Q_3}$$
$$R_3 \overline{)R_2} \quad (Q_4$$
$$\underline{R_3Q_4}$$
$$R_4$$

Q_1，Q_2，Q_3 和 Q_4 是各次的商式。R_1，R_2，R_3 和 R_4 是各次的余式。

第一，在除法，余式的次数总比除式的要低。所以就次数说，R_4 低于 R_3，R_3 低于 R_2，R_2 低于 R_1，而 R_1 低于 B。

这就是说，各次余式 R_1，R_2，R_3 和 R_4 的次数是逐渐减低下来的。若 A 和 B 都是 x 的多项式，最后所余的便只有两种情形，或是零或是一个数目。

先看 $R_n = 0$。

由除法的性质，我们知道：

$$A = BQ_1 + R_1$$
$$B = R_1Q_2 + R_2$$
$$R_1 = R_2Q_3 + R_3$$
$$R_2 = R_3Q_4 + R_4。$$
$$\because R_4 = 0，\therefore R_2 = R_3Q_4。$$

这就是说，R_3 是 R_2 的因式。

但 $R_1 = R_2Q_3 + R_3$，

所以 R_3 既是 R_2 的因式也就是 R_1 的因式，并且也就是 R_1 和 R_2 的公因式。

又 $B = R_1Q_2 + R_2$，

所以 R_3 既是 和 R_2 的公因式，也就是 B 的因式，并且也就是 B 和 R_1 的公因式。

又 $A = BQ_1 + R_1$，

所以 R_3 既是 B 和 R_1 的公因式，也就是 A 的因式，并且也就是 A 和 B 的公因式。

反过来说，A 和 B 的公因式必须是 R_1 的因式，也就是 B 和 R_1 的公因式。因此必须是 R_2 的因式，也就是 R_1 和 R_2 的公因式。因此必须是 R_3 的因式。

这就是说，若 $R_4 = 0$，则 (i) R_3 是 A 和 B 的公因式和 (ii) A 和 B 的公因式，自然它们的最高公因式也一样，必是 R_3 的因式。但 R_3 的最高因式就是它自己 R_3。

所以 R_3，最后的除式，就是 A 和 B 两个式子的 $H.C.F.$

其次，若 $R_n \neq 0$ 而是一个数目，那么，由 $R_2 = R_3Q_4 + R_4$ 就可以知道 R_2 和 R_3 没有公因式。倒推上去，R_2 和 R_1 也没有公因式，R_1 和 B 也没有公因式，而 B 和 A 也没有公因式，既没有公因式，当然也就没有所谓最高公因式了。

〔例 1 〕求 x^2-4x+3 和 $4x^3-9x^2-15x+18$ 的 H.C.F.

$$
\begin{array}{r|ll|l}
 & B & A & \\
Q_2\cdots\cdots x-1 & x^2-4x+3 & 4x^3-9x^2-15x+18 & 4x+7\cdots\cdots Q_1 \\
 & x^2-3x & 4x^3-16x^2+12x & \\
\hline
 & -x+3 & 7x^2-27x+18 & \\
 & -x+3 & 7x^2-28x+21 & \\
\hline
 & & R_1\cdots\cdots x-3 &
\end{array}
$$

$$\therefore H.C.F.=x-3$$

〔例 2 〕求 x^3+x^2+2x+2 和 x^3+2x^2+3x+2 的 H.C.F.

$$
\begin{array}{r|ll|l}
 & B & A & \\
Q_2\cdots\cdots x^2+2 & x^3+x^2+2x+2 & x^3+2x^2+3x+2 & 1\cdots\cdots Q_1 \\
 & x^3+x^2 & x^3+x^2+2x+2 & \\
\hline
 & 2x+2 & x\,|\,x^2+x\cdots R_1 & \\
 & 2x+2 & \quad x+1 & \\
\hline
 & 0 & &
\end{array}
$$

$$\therefore H.C.F.=x+1。$$

注意 R_1 有一个因式 x，但它不是 B 的因式，也就不是它们的公因式，当然也就不是 A 和 B 的公因式。因此先把它去除 R_1 对于所要求的最高公因式没有什么影响，但计算就可以比较简便些。这种方法在辗转相除的无论哪一个阶段都可以用。

〔例 3 〕求 $x^4+3x^3+2x^2+3x+1$ 和 $2x^3+5x^2-x-1$ 的 H.C.F.

$$
\begin{array}{r|ll|l}
 & B & A & \\
Q_2\cdots 2 & 2x^3+5x^2-x-1 & x^4+3x^3+2x^2+3x+1 & x\cdots Q_1 \\
 & 2x^3+10x^2+14x+4 & \qquad\qquad\qquad \times 2 & \\
\hline
-5\;|\!-5x^2-15x-5 & 2x^4+6x^3+4x^2+6x+2 & \\
R_2\cdots x^2+3x+1 & 2x^4+5x^3-x^2-x & \\
\hline
 & R_3\cdots x^3+5x^2+7x+2 & x+2\cdots Q_3 \\
 & x^3+3x^2+x & \\
\hline
 & 2x^2+6x+2 & \\
 & 2x^2+6x+2 & \\
\hline
 & 0 &
\end{array}
$$

$$\therefore H.C.F.=x^2+3x+1。$$

注意 因 B 的第一项的系数是 2，而 A 的是 1，相除得 $\frac{1}{2}$ 是一个分数，计算起来不方便。而 2 又不是 B 的因数，用它去乘 A，不会影响到 A 和 B 的公因数，计算起来就比较便当，这种方法也是无论哪一个阶段都可以用的。

48.【公倍式和最低公倍式】 几个式子共通的倍式叫作它们的公倍式。如 $x^8 - a^8$，$x^6 - a^6$ 和 $x^4 - a^4$ 都是 $x^2 - a^2$ 的倍式，也都是 $x - a$ 的倍式，它们就是 $x^2 - a^2$ 和 $x - a$ 两个式子的公倍式。但几个式子的公倍式的倍式，也都是它们的公倍式，如 $x\left(x^4 - a^4\right)$，$\left(x+a\right)\left(x^4 - a^4\right)$，$xy\left(x^4 - a^4\right)$，……都是 $x^2 - a^2$ 和 $x - a$ 的公倍式。所以几个式子的公倍式的个数是无穷的。几个式子的公倍式中次数最低的一个叫作它们的最低公倍式。最小公倍数和最低公倍式的区别就同着最大公约数和最高公因式的区别一样。最低公倍式的符号是 $L.C.M.$

求几个式子的最低公倍式的方法同着求几个数的最小公倍数的方法一样也有两种。

49.【析因式法】

〔例 1 〕求 $x^3 + y^3$，$x^3 - y^3$ 和 $x^4 + x^2 y^2 + y^4$ 的 $L.C.M.$

$\because \ x^3 + y^3 = \left(x+y\right)\left(x^2 - xy + y^2\right)$，

$x^3 - y^3 = \left(x-y\right)\left(x^2 + xy + y^2\right)$，

和 $\ x^4 + x^2 y^2 + y^4 = \left(x^2 - xy + y^2\right)\left(x^2 + xy + y^2\right)$。

$\therefore \ L.C.M. = \left(x+y\right)\left(x^2 - xy + y^2\right)\left(x-y\right)\left(x^2 + xy + y^2\right)$

$= \left(x^3 + y^3\right)\left(x^3 - y^3\right)$

$= x^6 - y^6$。

〔例 2 〕求 $x^2 - \left(y+z\right)^2$，$y^2 - \left(z+x\right)^2$ 和 $z^2 - \left(x+y\right)^2$ 的 $L.C.M.$

$$\because \quad x^2 - (y+z)^2 = (x-y-z)(x+y+z),$$

$$y^2 - (z+x)^2 = (y-z-x)(x+y+z),$$

和 $z^2 - (x+y)^2 = (z-x-y)(x+y+z)$。

$$\therefore L.C.M. = (x+y+z)(x-y-z)(y-z-x)(z-x-y)。$$

50.【先求最高公因式法】 要求两个式子的最低公倍式，可先求它们的最高公因式，然后将这个求得的最高公因式去除它们中的一个而和另外一个相乘。

求三个以上式子的最低公倍式，用这种方法，只能先求两个式子的最低公倍式，然后用它来同着第三个式子求最低公倍式。然后又用所得的最低公倍式再和第四个式子求最低公倍式。这样一步一步地推下去，到最后一个式子为止。

〔例 1〕求 $x^4 + 3x^3 + 2x^2 + 3x + 1$ 和 $4x^3 + 10x^2 - 2x - 2$ 的 $L.C.M.$

先用辗转相除法求这两个式子的 $H.C.F.$

$$
\begin{array}{r|l|l}
2 & 4x^3+10x^2-2x-2 & x^4+\ 3x^3+\ 2x^2+\ 3x+1 \quad \\
  & 4x^3+20x^2+28x+8 & \qquad\qquad\qquad\qquad \times 4 \\
\hline
-10 & \boxed{-10x^2-30x-10} \ \ 4x^4+12x^3+\ 8x^2+12x+4 \ \ x \\
  & x^2+\ 3x+\ 1 \qquad 4x^4+10x^3-2x^2-2x \\
\hline
 & & 2x^3+10x^2+14x+4 \quad 2x+4 \\
 & & 2x^3+\ 6x^2+\ 2x \\
\hline
 & & 4x^2+12x+4 \\
 & & 4x^2+12x+4 \\
\hline
 & & \qquad\qquad\qquad 0
\end{array}
$$

$$\therefore H.C.F. = x^2 + 3x + 1。$$

而 $L.C.M. = \dfrac{4x^3 + 10x^2 - 2x - 2}{x^2 + 3x + 1} \times (x^4 + 3x^3 + 2x^2 + 3x + 1)$

$$= 2(2x-1)(x^4 + 3x^3 + 2x^2 + 3x + 1)。$$

〔例 2〕求 $A = x^4 + 3x^3 + 2x^2 + 3x + 1$, $B = 2x^3 + 5x^2 - x - 1$ 和 $C = 2x^3 - 3x^2 + 2x - 3$ 的 $L.C.M.$

因为 $B = 2x^3 + 5x^2 - x - 1 = \dfrac{1}{2}(4x^3 + 10x^2 - 2x - 2)$ ，而 2 不是 A 的因数；所以由例 1 知道 A 和 B 的 $L.C.M.$ 是

$$(2x-1)(x^4 + 3x^3 + 2x^2 + 3x + 1) = (2x-1)A \text{。}$$

但由除法可以知道 $2x-1$ 不是 C 的因式，所以只要先求 A 和 C 的最低公倍式。用辗转相除法：

$$
\begin{array}{r|l|l|l}
2x-3 & 2x^3-3x^2+2x-3 & x^4+3x^3+\ 2x^2+\ 3x+\ 1 & \\
 & 2x^3\qquad\ \ +2x & \qquad\qquad\qquad\quad\times\ 2 & \\
\hline
 & \ -3x^2\qquad\ -3 & 2x^4+6x^3+\ 4x^2+\ 6x+\ 2 & x\\
 & \ -3x^2\qquad\ -3 & 2x^4-3x^3+\ 2x^2-\ 3x & \\
\hline
 & \qquad\qquad\quad\ 0 & \quad\ 9x^3+\ 2x^2+\ 9x+\ 2 & \\
 & & \qquad\qquad\qquad\quad\times\ 2 & \\
\hline
 & & 18x^3+\ 4x^2+18x+\ 4 & 9\\
 & & 18x^3-27x^2+18x-27 & \\
\hline
 & & \quad 31\ |\ 31x^2\qquad\ +31 & \\
 & & \qquad\qquad\ x^2\qquad\ +\ 1 & \\
\end{array}
$$

$$\therefore\ H.C.F. = x^2 + 1 \text{。}$$

而 $L.C.M. = \dfrac{2x^3 - 3x^2 + 2x - 3}{x^2 + 1} \times (x^4 + 3x^3 + 2x^2 + 3x + 1)$

$$= (2x-3)(x^4 + 3x^3 + 2x^2 + 3x + 1) \text{。}$$

所以 A ， B 和 C 的 $L.C.M.$ 是

$$(2x-1)(2x-3)(x^4 + 3x^3 + 2x^2 + 3x + 1) \text{。}$$